活化建筑经典

RENOVATION OF HERITAGE BUILDINGS

上海市文物局 编著

上海文物建筑保护利用案例 2010—2019
Selected Shanghai Projects 2010-2019

中国·上海

同济大学 出版社
Tongji University Press

序一
Preface 1

　　每到一座城市，我们总要抽空去博物馆转一转，我也建议大家多去博物馆，通过博物馆陈列可以穿越时间，触及城市历史文化及民众精神生活。国际博物馆协会在户外博物馆的理念下，曾专门提出城市博物馆的概念，例如，北京就是一个博物馆，不仅有故宫、天坛，也有"鸟巢"、水立方，展现了古代文化和现代文明的交相辉映。毫无疑问，上海外滩同样是一个博物馆，彰显着开埠以来的上海历史发展，塑造着上海市民的独特品格风貌，每栋历史建筑都有着独特的艺术文化价值。不同于一般博物馆玻璃柜中的文物，文物建筑需要步入其中才能真切感受到其内涵、价值与历史意义。让文物建筑向社会大众开放，充分融入普通市民生活，让历史文物与现代建筑相映成辉，才能体现出城市博物馆丰富的文化意义。

　　习近平总书记强调，"让收藏在博物馆里的文物、陈列在广阔大地上的遗产、书写在古籍里的文字都活起来，丰富全社会历史文化滋养"。传承至今的文物建筑是中华民族文化源远流长、生生不息的有力见证，国家文物局贯彻落实习近平总书记重要指示精神，在推动文物建筑开放活化方面开展了一系列工作。制度层面，印发了《文物建筑开放导则》，鼓励文物建筑采取不同形式对外开放；实践层面，指导推动了一批有代表性的活化利用项目，像上海四行仓库、北京首钢工业遗产等成为当地市民重要的文化活动场所，组织编印了《文物建筑开放利用案例指南》，介绍了一批有特点、有亮点的文物建筑开放案例。文物建筑越深度融入当代生活，越多人参与体验建筑"活化"，其文化影响力也会越大。因此，让文物建筑开放为城市公共空间是必然选择。要做的这项工作就需要我们更好地统筹文物保护与利用之间的关系。一方面，文物建筑作为物质遗产，需要小心呵护；另一方面，建筑作为具有生命力的空间，只有延续它的生机才能发挥其文化和社会价值。同样，适应现代人们生活的使用过程，总难免有调适的需要或存在损伤的风险，这就考量现代人们的专业水准，须选择审慎的、恰当的现代功能植入。

　　令人欣慰的是，上海市文物部门在这方面已经开展了卓有成效的探索。本书整理介绍了近10年，上海在市区文物建筑的保护及公共空间转化的成功经验：原祥生船厂在工业浪潮退去后成为城市舞台，依然大放异彩；精心修复后转变为展览馆的荣宅，成为时尚品位的代名词，延续了老上海一贯的摩登精致；转变为城市历史博物馆的上海跑马总会，直接用来展示上海的城市历史。还有许多优秀的案例，分布在上海的角角落落。这些保护与更新项目，打开了城市历史，拓展了城市文化，读者可以从中窥见到一个鲜活的城市博物馆的诞生历程。同时，本书也为中国诸多拥有丰富文物建筑的历史文化名城，在处理历史街区保护与现代城市发展关系方面提供有益经验。

国家文物局副局长　宋新潮

序二
Preface 2

　　站在黄浦江畔，近看百年风云老外滩，远眺三十而立陆家嘴。精致而大气的建筑群，或晴空映照，或华灯溢彩，每每让中外游客赞叹上海的历史底蕴和文化魅力，更惊叹于改革开放以来迅猛飞速的发展奇迹。自 1843 年开埠以来，来自不同国家和地区的建筑师精细工作，兼容并蓄，打造了一幢幢风格迥异的建筑。这些文物建筑作为城市意象，承载了波澜壮阔的近代上海历史。我们时常思考：我们应该以何种方式，通过文物建筑，来展示上海的历史文化？

　　习近平总书记考察上海，在黄浦江畔深情道出"人民城市人民建，人民城市为人民"的重要理念。人民城市，是我们这座城市的本质属性，也是我们在保护传承城市文脉中始终坚持的根本遵循。在高耸的玻璃大楼旁边，得见修缮一新的石库门建筑，熙熙攘攘的人群正等待参观这座中国共产党第一次全国代表大会会址；在衡复历史街区，精致的乡村别墅已然成为优雅的礼堂，别墅前的空地转变为热闹的市民广场；在黄浦滨江慢跑，原祥生船厂内传出热闹的假日音乐，缤纷的灯光和时光浸染的工业遗产相得益彰。这些发生在文物建筑中生动的风景，便是上海文物建筑"活起来""为人民"的范本。

　　"活起来""为人民"包含双层含义。其一，是文物建筑本身的活化。历届上海市委、市政府都要求对文物建筑"实行最严格的保护制度"，我们投入了大量的精力，践行"原真性，可识别，最小干预"的保护原则，让文物建筑本身具有"成长的痕迹"。通过阅读建筑变迁的痕迹，历史便徐徐映入眼帘，成为最鲜活的文化读本；其二，文物建筑主动参与人民的生活。通过民生功能的植入，更多城市故事将在文物建筑中发生，建筑便有了新的生命。我们将文物建筑空间不断向公众打开，贴近当今的生活需求，让城市更有温度、空间更有价值、文化更有生命力。到访这些公共化的文物建筑，如同进行一场时空旅行，成为很多年轻人的热门打卡点。文物建筑将上海独特的文化气质潜移默化地传递给到访的每一个人，延续城市文脉。

　　上海的文物建筑多集中在城市空间，植入民生功能后，可以高效、便捷地提升市民的历史文化滋养，实乃上海之幸事！《活化建筑经典：上海文物建筑保护利用案例：2010—2019》整理介绍了近 10 年，上海在文物建筑的保护及公共空间转化的成功经验，展现了一个充满活力和人文关怀的城市。希望读者可以从中感受到一个更加多维度的上海，并走入这些鲜活的文物建筑，在真实的城市空间中，体验上海、了解上海、爱上上海。

上海市文物局局长　方世忠

CONTENTS　　目　　录

杨浦区图书馆

《共产党宣言》展示馆

上海国际时尚中心

上海四行仓库抗战纪念馆　　　上海宝格丽酒店　　船厂1862

外滩源（一期）
上海清算所
罗斯福公馆
和平饭店
上海市历史博物馆（上海革命历史博物馆）
中国外汇交易中心
荣宅
上海外滩华尔道夫酒店
华东政法大学格致楼
中国共产党第一次全国代表大会纪念馆

中国社会主义青年团中央机关旧址纪念馆

上海隐居繁华雅集公馆
绿地外滩中心商船会馆
上海交响音乐博物馆　　　　思南公馆

上海宋庆龄故居纪念馆

徐家汇天主堂
上海气象博物馆

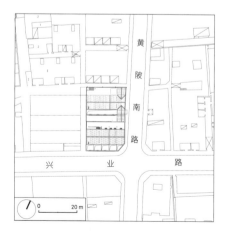

总平面图

历史地图
资料来源：《老上海百业指南》

项目地址：黄浦区兴业路 76 号
保护级别：全国重点文物保护单位（1961 年公布）

建成年代：1920 年
初建功能：新式石库门里弄住宅

项目时间：2010 —2011 年
建筑面积：428 m²
现状功能：纪念馆
建设单位：中国共产党第一次全国代表大会纪念馆
设计单位：上海建筑装饰（集团）设计有限公司
施工单位：上海建筑装饰（集团）第一合作有限公司
监理单位：上海协同工程咨询有限公司

中国共产党第一次全国代表大会纪念馆

Memorial Site of the First National Congress of the Communist Party of China

中国共产党第一次全国代表大会会址
Site of the First CPC National Congress

历史变迁

初建时期

中国共产党第一次全国代表大会会址（简称中共一大会址），房屋建造于 1920 年夏秋之间，当时，沿马路一排 5 间石库门房屋与后排 4 间房屋相连，中间是一条弄堂，总称树德里。树德里原本为石库门里弄住宅，每一幢都是一上一下的单开间房屋，单幢房屋各有一个大门和一个天井。

根据出资建造树德里的陈老太回忆："新屋建成后不久，就将望志路 106、108 号两幢房屋租给姓李的（李书城、李汉俊兄弟俩）居住，李家把两屋的后天井打通了，但前面仍是两个大门，两个天井，分门进出。"

1921 年 6 月，陈独秀、李大钊、李达、李汉俊等人发起成立新时代丛书社，编辑出版"新时代丛书"，这里成为该社通讯处。

中国共产党第一次全国代表大会召开

1921 年 7 月 23 日至 30 日，中国共产党第一次全国代表大会在望志路 106、108 号（今兴业路 76、78 号），即李书城、李汉俊兄弟俩租的寓所内召开。

出席会议的有各地共产主义小组代表——毛泽东、董必武、王尽美、李汉俊、邓恩铭、陈潭秋、李达、陈公博、周佛海、张国焘、何叔衡、刘仁静、包惠僧共 13 人，代表全国 50 多名党员。共产国际代表马林和尼柯尔斯基也参加了会议。会议由张国焘主持。7 月 30 日，会场受到当时法租界巡捕房巡捕的搜查，会议被迫中止。

最后一天的会议，转移到浙江省嘉兴南湖的一艘游船上继续举行。

房屋转租他人

两年后，李家就从这里搬离了。陈老太又将这一排房屋全部租给董正昌。董正昌对房屋进行大规模的改建后，把房屋先后承租给"万象源酱园店""兴业当店"和"恒昌福面坊"等。

寻找旧址、恢复原貌、设立纪念馆

中华人民共和国成立，党和政府通过多方查询、证实，找到会址，并按当年的模样进行整修和复制，原样复原了房屋里的家具物品。1951 年，中共一大会址进行了全面整修，作为上海革命历史纪念馆第一馆，1952 年正式对外开放。1961 年，被国务院公布为第一批全国重点文物保护单位。1968年，纪念馆改名为中国共产党第一次全国代表大会会址纪念馆（简称中共一大会址纪念馆）（编者注：2021 年 6 月改名为中国共产党第一次全国代表大会纪念馆）。

纪念馆修缮及扩建

为更好地保护旧址原貌，中共一大会址纪念馆定期进行维护修缮。1990 年 9 月纪念馆进行了闭馆大修，并于 1991 年 6 月重新开馆。

1998 年 5 月，为了使中共一大会址纪念馆的宣传教育工作适应新的形势，筹备多年的纪念馆扩建工程正式动工，1999 年 5 月，扩建工程在庆祝上海解放 50 周年纪念日竣工并正式对外开放。

1

2

3

4

1.1951 年中共一大会址沿街历史照片
资料来源：《世纪》期刊

2.1952 年作为上海革命历史纪念馆时期
资料来源：《人民画报》

3.1953 年恢复清水墙的兴业路76—78 号
资料来源：《世纪》期刊

4.1958 年修缮后的中共一大会址外立面
资料来源：中共一大会址纪念馆

项目运作

2011 年 2 月，中共一大会址纪念馆再次进行了闭馆修缮，并于 5 月重新开放。

以文物建筑历史原貌展示

中共一大会址纪念馆主要以文物建筑历史原貌展示为主，真实还原当时中共一大代表们开会的空间，让参观者可以瞻仰中国历史上开天辟地的大事——中国共产党的诞生的场景。

爱国主义教育和革命传统教育的重要场所

中共一大会址纪念馆建馆以来，成为对广大群众进行爱国主义教育和革命传统教育的重要场所。1994 年，中共一大会址纪念馆被上海市人民政府列为首批青少年教育基地。1996 年，又被文化部、国家教委、团中央等 6 个部门列为"全国中小学爱国主义教育基地"。1997 年，中共中央宣传部将中共一大会址纪念馆列为"全国爱国主义教育示范基地"。

项目策略

2011 年对该处文物建筑进行的维护保养修缮，主要包括：外立面的清水墙修复、屋面部分修复、外立面木门窗修复、雨水管及其他构件修复、室内各部分修复、屋顶晒台部分修复等内容。

外立面修复

外墙原为清水墙，但修缮前的现状外立面表面用椿光灰＋细砂＋水泥＋颜料覆盖，与历史外墙的用材不符，外墙灰色颜料和红色颜料会遇水拖沓，污染墙面。因此本次修缮铲除了原假清水部分，用传统的砖粉工艺逐块修补，以尽可能恢复历史原貌。

室内修复

砖木结构老房子的问题是木构件的腐烂、白蚁的蛀蚀等。本次工程对小青瓦坡屋面进行翻修，对木屋架结构层进行检修和加固，并对木屋架、木构件进行防虫防腐处理。对室内的木楼板、木格栅、木楼梯、木隔墙、木门窗进行检修，油漆重做，排除安全隐患，使建筑延年益寿，更好地为纪念馆使用服务。

1. 特色石库门门头山花装饰，王志杰摄

2. 特色木栏杆细部装饰，王志杰摄

1

2

1

2

1. 中共一大会址航拍，唐陈摄

2. 修缮后弄内，王志杰摄

1. 修缮后南立面，王志杰摄

2. 修缮后主弄，王志杰摄

3. 修缮后的接待室，王志杰摄

4. 中共一大会址纪念馆复原会议室，徐莹婕摄

5. 中共一大会址纪念馆复原厨房，徐莹婕摄

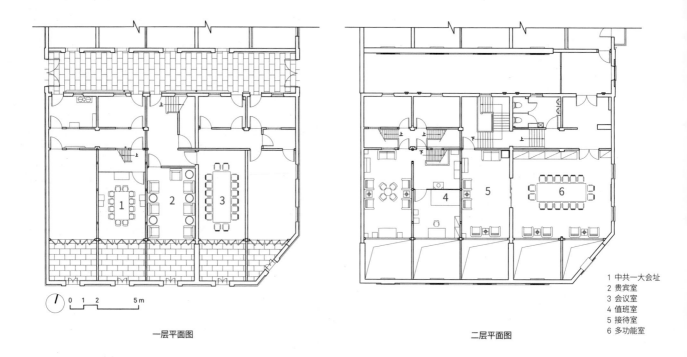

一层平面图

二层平面图

1 中共一大会址
2 贵宾室
3 会议室
4 值班室
5 接待室
6 多功能室

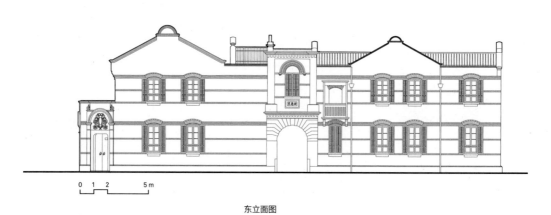

东立面图

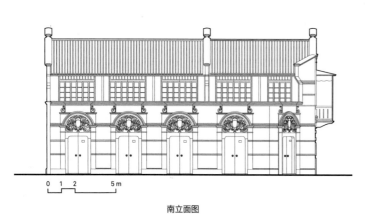

南立面图

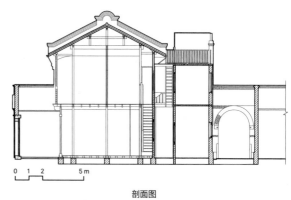

剖面图

公共开放

中共一大会址纪念馆，属事件类纪念性博物馆。纪念馆的主要任务是对中共一大会址的保护管理，对有关中国共产党历史、中国革命史文物资料的征集、保管、陈列和对中共创建历史进行研究，对中外观众进行接待和讲解。

1984 年 3 月，邓小平为中共一大会址纪念馆题写了馆名。馆内已有馆藏文物 12 万余件，当年召开中共一大会议的那间 18 平方米的客厅，所有家具、物品陈设均根据当年的模样布置。正中放着一张长方形的西式大餐桌，四周围着一圈圆凳；桌上放着茶具、一对紫铜烟缸和一只饰有荷花叶边的粉红色玻璃花瓶。房间虽小，意义重大，陈设虽简朴，但气氛庄重。

2017 年 10 月 31 日，习近平总书记带领中央政治局常委瞻仰中共一大会址纪念馆。在这里，总书记首先瞻仰了中共一大会议室原址，这个 18 平方米的房间按照当年会议场景复原布置，听取了中共一大召开过程的介绍，询问中共一大会址保护和开展爱国主义教育情况。总书记说，毛泽东同志称这里是中国共产党的"产床"，这个比喻很形象，我看这里也是我们共产党人的精神家园。随后，总书记等人瞻仰了中共一大代表群像浮雕，参观了《伟大开端——中国共产党创建历史陈列》。纪念馆宣誓厅，悬挂着巨幅中国共产党党旗。面对党旗，总书记带领其他中共中央政治局常委同志一起重温入党誓词。总书记强调，入党誓词字数不多，记住并不难，难的是终身坚守。每个党员要牢记入党誓词，经常加以对照，坚定不移，终生不渝。

如今的中共一大会址纪念馆吸引着全国各地甚至是世界各地的参观者们，最高日接待量达到上万人次。2018 年，纪念馆全年参观人次再次刷新纪录，达近 147 万人次。

建筑师感言

陈中伟

1921 年 7 月 23 日，中共一大在上海召开，宣告中国共产党的正式成立，这是中国开天辟地的大事件。中共一大会址作为革命遗址纪念地，展现了中国共产党从这里诞生、从这里出征的伟大历史意义，能参与如此重要的文物建筑保护修缮工作，我们备感荣幸，希望通过仔细考证、精心修缮，保证历史建筑的原真性，同时更好地为纪念馆的使用服务，使前来参观、瞻仰中共一大会址的人们得到更好的体验。

孟露雨

中国共产党的成立是中华民族复兴之路的伟大起点，中共一大会址见证了中国共产党的历史从这里开始。在对这座文物建筑修缮的过程中，对中共一大会址文物建筑的历史变迁进行了详细、谨慎的考证，实事求是，刻苦钻研，还原真实的旧址原貌。这也是深切缅怀革命先烈光辉事迹的方式，是一次对中国共产党人奋斗史的重温与感悟。革命精神薪火相传，在修缮文物建筑中得到体现。

开放指南
开放时间：9：00—17：00（16：00 停止入馆），周一闭馆。
公共交通：地铁 1 号线（黄陂南路站）、10 号线（新天地站）、公交 24、109、926 路等。

参考文献
[1] 陆米强，张建为 . 中共"一大"会址修缮复原纪实 [J]. 世纪，2001(2): 10-13.
[2] 中共一大会址纪念馆 . 中共一大会址纪念馆 60 年大事记 [M]. 上海：上海辞书出版社，2013.
[3] 陆米强 . 作始也简　将毕也巨——中共"一大"会址修缮复原经过 [J]. 上海党史研究，1994(4): 32-34.
[4] 张玉菡 . 中共"一大"会址考证 [J]. 党史文苑，2011(1): 40-41.

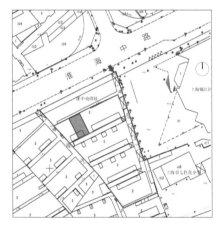

总平面图

历史地图
资料来源：《老上海百业指南》

项目地址：黄浦区淮海中路 567 弄 6 号
保护级别：全国重点文物保护单位（1961 年公布）

建成年代：1915 年
初建功能：石库门里弄住宅

项目时间：2018—2019 年
建筑面积：1085 m²
现状功能：纪念馆
建设单位：中国社会主义青年团中央机关旧址
纪念馆
设计单位：上海建筑装饰（集团）设计有限公司
施工单位：上海美达建筑工程有限公司
监理单位：上海一测建设咨询有限公司

中国社会主义青年团中央机关旧址纪念馆
Memorial Site of the Central Committee of the Communist Youth League of China

中国社会主义青年团中央机关旧址
The former bureau site of the Communist Youth League of China

历史变迁

霞飞路渔阳里

今淮海路中路东段原名西江路，西段原名宝昌路。1906 年 10 月，两段统合，以法租界公董局总董宝昌之名，统称宝昌路。1915 年 6 月，法租界公董局以在马恩河会战中立下战功的法国元帅霞飞之名更名为霞飞路。

在法新租界环龙路渔阳里北侧地块，1915 年 9 月 25 日获批沿霞飞路新建高档里弄和沿街商店，弄入口就在当时刚更名的霞飞路。建成后此弄一度被称为霞飞路新渔阳里，也被称为北渔阳里。

1921 年，渔阳里改称铭德里。如今还可见石库门门头山花上镌刻着不同的"德"字，与"铭德里"相符。1943 年 10 月，霞飞路又更名泰山路。1945 年 11 月，改为林森中路。1950 年 5 月，为纪念淮海战役胜利，林森中路改名为淮海中路。1957 年，淮海中路 567 弄恢复使用旧称渔阳里。

渔阳里 6 号

淮海中路 567 弄 6 号（原霞飞路渔阳里 6 号），原为戴季陶寓所。1920 年春戴季陶迁出后，共产国际代表维经斯基和共产国际工作组成员杨明斋在这里筹设中俄通讯社（后改称华俄通讯社），帮助筹建共产主义组织。经同陈独秀等人商讨，租赁霞飞路渔阳里 6 号为活动地。4 月底，渔阳里 6 号进行上海首次庆祝"五一"国际劳动节的筹备工作。7 月，中俄通讯社创建，社址霞飞路渔阳里 6 号，社长杨明斋。华俄通讯社在民国十四年（1925）8 月后停办。

1920 年，经陈独秀、李汉俊、俞秀松、陈公培、施存统等倡导，拟组建社会主义青年团。8 月，中国第一个社会主义青年团——上海社会主义青年团正式发起建立，由俞秀松担任书记。上海社会主义青年团的机关就设于此，1921 年，升级为中国社会主义青年团临时中央局。

1. 渔阳里 6 号南立面历史照片
资料来源：中国社会主义青年
团中央机关旧址纪念馆

2. 中国社会主义青年团中央机
关旧址 1979 年卫星图
资料来源：天地图

3. 外国语学社教室室内场景
资料来源：中国社会主义青年
团中央机关旧址纪念馆

　　1920 年 9 月，为了团结和培养进步青年，上海共产主义小组和上海社会主义青年团在渔阳里 6 号创办了外语教育机构——外国语学社。10 月，上海第一个工会组织——上海机器工会在这里召开发起大会。

　　1921 年初，上海社会主义青年团成立后，这里成为团中央机关。在这里进行的革命活动受到租界当局的注意。1921 年 4 月 29 日，法租界巡捕房搜查了渔阳里 6 号。1921 年 5 月，青年团暂停在此处的活动，渔阳里 6 号自此沉寂下来，变为普通民宅。

中华人民共和国成立后变迁史

　　1956 年初，整个旧址从民宅中被置换出来。1957 年底，5、6、7 号房屋复原。1961 年 3 月 4 日，国务院将渔阳里 6 号正式命名为"中国社会主义青年团中央机关旧址"，并列入第一批全国重点文物保护单位。2003 年 4 月，整修中国社会主义青年团中央机关旧址，扩建渔阳里 1—5 号连通作为纪念馆展厅使用。

项目运作

2017年，为中国共青团百年华诞献礼，中国社会主义青年团中央机关旧址纪念馆计划对渔阳里1—7号进行全面修缮，以全新姿态向世人娓娓讲述发生在渔阳里的红色故事。

项目策略

全面整治总体环境

本次修缮工程中，1—5号为旧址纪念馆，整修后进行重新布展；6号为文物本体，原貌保护修缮，原样展示；7号为办公处及接待室，做局部改建、整修。对渔阳里及周围环境进行对症修缮、综合整治，使纪念馆得到更好保护、有效管理及合理利用，并为参观群众营造安全、舒适的参观环境。

完整地保护建筑整体

将找到的两份渔阳里历史图纸与现场勘察比对后，发现1961年版图纸更接近渔阳里现状。1915年版图纸是设计图纸而非竣工图纸，与现状测绘图纸对比，发现诸多装饰细部不同。

在修缮过程中，采用了传统工艺、传统材料、传统样式对文物进行修缮。翻做屋面、重做防水；修缮木屋架；修缮外墙清水砖、水泥粉刷勒脚、砖砌石库门头、线脚等；室内重做墙面、吊顶石灰粉刷；木楼梯、木地板、木室板墙、木门窗出白后，重做广漆。修缮工作做到不改变文物原状，修旧如故，确保建筑安全正常使用。

重塑纪念馆展陈

根据建筑原有的石库门空间特点，发掘渔阳里及其周边丰富的红色资源建筑特色，从中提取上海20世纪20年代历史面貌的视觉元素，作为本次的设计基调，尽量保证原汁原味，复原老渔阳里的建筑符号。

展示手法呈现历史发展逻辑。将实物陈列、艺术品、沙盘模型、多媒体、展板及文字说明进行组合展示，用多重表现手段清晰地表现展览的主题思想。内容呈现上增添了不少新形式，增加可看性，但形式均为内容服务，保证对这段红色历史的还原，有助于参观者更好地了解渔阳里。

1、2. 历史图纸（1961年绘制），
设计单位根据历史图纸改绘

3. 历史图纸（1915年绘制），
设计单位根据历史图纸改绘

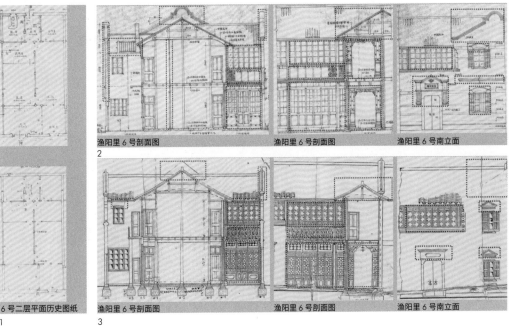

渔阳里6号剖面图　　渔阳里6号剖面图　　渔阳里6号南立面
2

6号二层平面历史图纸　　渔阳里6号剖面图　　渔阳里6号剖面图　　渔阳里6号南立面
1　　3

1

2

公共开放

重新修缮后的中国社会主义青年团中央机关旧址纪念馆于 2019 年 4 月 30 日起试运行，并向社会公众免费开放。

纪念馆一共分为 6 个展区。一楼为序厅和共青团知识互动体验区两个展区。二楼展厅则以时间为序，分为"五四运动与中国共产党发起组的创建""上海社会主义青年团的建立""外国语学社与渔阳里培育的进步青年"和"从团临时中央执行委员会的建立到中国共产主义青年团全国第一次代表大会（简称团一大）的召开"四个展区。

除此之外，纪念馆还提供了许多崭新的场景和体验，包括淮海路中心位置醒目的渔阳里广场、渔阳里一楼大厅的入团宣誓和微团课区域、互动体验区的团员网上签到系统、全息影像再现团一大召开情况等。不少新收藏的全新史料和文物也首次在渔阳里展出。

除了增添珍贵的史料、展品外，渔阳里未来还将成为"接地气"的共青团日常活动场所。

青年团员不仅可以在这里学习团史，也可以在一楼大厅上微团课，还能在渔阳里广场举行升旗仪式。

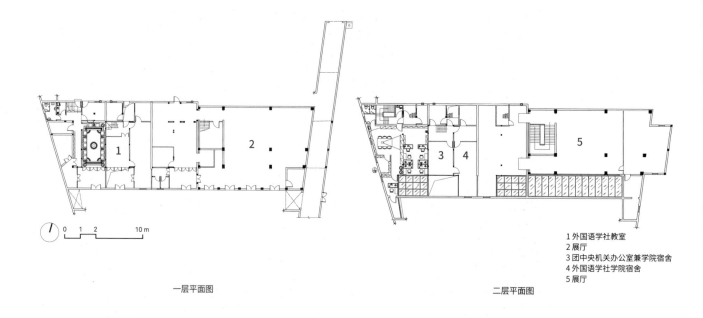

一层平面图

二层平面图

1 外国语学社教室
2 展厅
3 团中央机关办公室兼学院宿舍
4 外国语学社学院宿舍
5 展厅

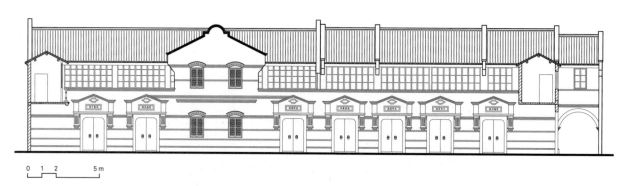

南立面图

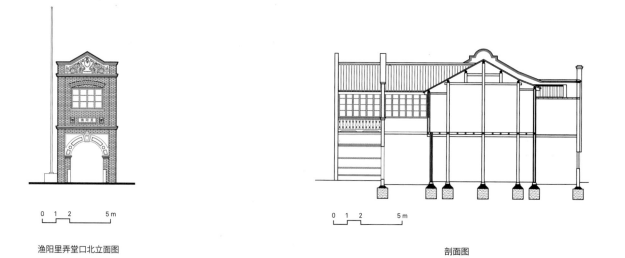

渔阳里弄堂口北立面图

剖面图

1. 纪念馆展厅一层局部，向东晖摄

2、3. 纪念馆展厅二层局部，向东晖摄

1

2

3

建筑师感言

陈中伟

徐莹婕

霞飞路渔阳里 6 号曾创办了由上海共产主义小组和上海社会主义青年团组织的第一所培养青年革命者的学校——外国语学社。1921 年初，上海社会主义青年团成立后，这里成为团中央机关。项目按照外国语学社的原样进行保护性修缮，恢复文物的原状；非本体的展示厅按照新的功能要求进行提升，还在东边设计了渔阳里广场和大块的花岗石浮雕墙。这个新渔阳里仍然有居民居住，通过环境整治和保护性修缮还原了历史原貌和增强了建筑的可读性。

从 1919 年"五四运动"到 1922 年"团一大"召开期间，渔阳里培育的进步青年在中国革命与青年团建立初期发挥着历史性作用。在改造过程中，我们不仅将 6 号文物本体按原样进行保护性修缮，更新展示厅，在渔阳里广场上设计了花岗石浮雕墙；还修缮了弄堂内居民的部分生活设施和弄堂环境，让渔阳里内外既呈现青春气息，又有上海的"城市温度"，以全新姿态向世人娓娓讲述发生在渔阳里的红色故事。

开放指南
开放时间：9：00—11：00、13：00—16：00（16：00 停止入馆），周一闭馆。
公共交通：地铁 1 号线（黄陂南路站）、13 号线（淮海中路）、公交 920、146、911、926 路等。

参考文献

[1] 陈柏熙 . 上海轶事大观 [M]. 上海：上海大东图书局，1924.
[2] 共青团上海市委员会 . 渔阳里的故事 [M]. 上海：上海教育出版社，2004 .
[3] 上海市卢湾区志编纂委员会 . 卢湾区志 [M]. 上海：上海社会科学院出版社，1998.

文物建筑、优秀历史建筑

中国共产党代表团驻沪办事处旧址	思南路 73 号	全国重点文物保护单位（2019 年公布）
梅兰芳旧居	思南路 87 号	黄浦区文物保护单位（2008 年公布）
思南路 51—95 号（单号）（义品村）		优秀历史建筑（1994 年公布）
思南路 50—70 号（双号）		优秀历史建筑（2005 年公布）

总平面图

历史地图
资料来源：《老上海百业指南》

项目地址：黄浦区复兴中路以南，思南路两侧、交通
　　　　　大学医学院以北区域（原卢湾区 47、48 号
　　　　　街坊）

建造年代：始于 20 世纪初，30 年代初具规模，其中
　　　　　义品村建于 1921 年
初建功能：居住等

项目时间：1999—2010 年
占地面积：约 5.8 hm²
现状功能：商业、办公、酒店、公寓
建设单位：上海城投永业置业发展有限公司
规划单位：上海同济城市规划设计研究院
　　　　　同济大学国家历史文化名城研究中心
设计单位：法国夏邦杰建筑设计事务所
　　　　　上海江欢成建筑设计有限公司等
施工单位：上海建工四建集团有限公司
监理单位：上海建科工程咨询有限公司

思南公馆
Sinan Mansions

中国共产党代表团驻沪办事处旧址、义品村及周边历史建筑群
The former site of the CPC Delegation Office in Shanghai, Yi-Pin Village and the surrounding historical buildings

---

历史变迁

法租界扩展与义品村诞生

法租界 1849 年辟界后，分别于 1861、1900、1914 年三次扩界，逐渐由东向西发展。思南公馆所在地块的东侧为重庆南路，其正是法租界第二次与第三次扩界的分界处。

1914 年后的法租界西区逐渐进入房地产高速发展期。1921 年，比利时义品洋行投资建造思南路 51—95 号（单），共 4 排 23 栋独立式花园住宅，故名"义品村"，这也是该地块的主体建筑群。

名流云集

思南路 73 号是中国共产党代表团驻沪办事处旧址（周公馆）。1946—1947 年，周恩来在这里工作、生活，并曾在此接待中外宾客，还举行过中外记者招待会。

不只是义品村，思南公馆地块内共保留了 50 多栋历史建筑，这些建筑大多建成于 20 世纪 20—30 年代，是当时社会公认的高档住宅区，一批新职业人群、外国侨民以及近代历史名人冯玉祥、曾朴、梅兰芳、柳亚子等都曾在此留下足迹。

丰富的居住建筑类型

思南公馆地块内的建筑涵盖多种居住建筑类型和风格——独立式花园住宅、联立式花园住宅、联排式住宅、新式花园里弄住宅、新式里弄住宅、现代式公寓等，宛如上海近代居住建筑博览会。因此，地块内的建筑整体价值远远高于单体价值。

改造前的街区面貌

1949 年以后的数十年，思南路一带的花园住宅历经各种变迁。产权属性与管理错综复杂。有的成为学校，有的成为商店，有的成为一些机构的办公场所。一幢别墅涌进了十多户甚至数十户，形成"七十二家房客"的状况。长期疏于维护与管理，"不当"或"过度"使用，对这一区域内的花园别

墅造成不同程度的损害。

中国共产党代表团驻沪办事处旧址于 1959 年公布为上海市文物保护单位。1979 年经中共中央批准，修复旧址，恢复原貌，并连同思南路 71 号建立纪念馆。1986 年 9 月 1 日起正式对外开放。2019 年 10 月，被列入第八批全国重点文物保护单位名单。思南公馆项目范围绝大部分位于文物建筑建设控制地带内，项目更新需尊重文物建筑本体，与文物建筑风貌协调。

项目运作

产权收归国有

1999 年，思南公馆作为上海"历史文化风貌区和优秀历史建筑保留保护改造"试点项目正式启动，2002 年国家发展计划委员会将其列为"国家历史文化名城保护专项资金"项目。

当时的卢湾区政府对思南公馆街区的产权进行了非常仔细的梳理，明确了思南公馆街区产权关系和产权边界，根据具体情况采取了原地居住、补偿动迁等方式进行人口疏解，将产权收归国有。

置换搬迁与整治修缮同步进行

2000 年 2 月，思南公馆项目完成土地使用权出让。2000 年 7 月，启动项目区域内的居民置换搬迁工作。项目实行一边置换搬迁，一边整治修缮策略，细致耐心地一家一户做工作，直至 2009 年 12 月最后一户搬迁，最终完成 1047 户居民及 32 家单位全部置换。

1. 思南公馆区域改造前鸟瞰，永业集团提供

2. 思南公馆区域内文物建筑及优秀历史建筑，永业集团提供

1

2

政策和资金保障

2003 年 8 月，上海城投永业置业发展有限公司（简称永业集团）成立，进行项目融资和管理。上海市政府给予优惠政策，允许该团队从银行获得贷款，国家也提供了历史文化名城保护专项资金，为思南公馆街区历史建筑的保护修缮和环境的整治提升获得了资金保障。

项目策略

规划引导

2002 年，《上海市历史文化风貌区和优秀历史建筑保护条例》颁布，并公布了 44 片历史文化风貌区。思南路一带的花园住宅区成为衡山路—复兴路历史文化风貌区内的重要组成部分。

《上海市衡山路—复兴路历史文化风貌区保护规划》成为思南公馆项目的管理依据。在其引导下，《上海市卢湾区思南路花园住宅区保护与整治规划》进一步确定了项目的原则和目标："以保护地区整体历史风貌为出发点，延续城市肌理，尊重街巷尺度，完善空间形态，保护优秀历史建筑和绿化空间，建立公共空间层次和体系，补充新功能，增强社区活力，提高空间品质，形成合理的组团和地区特征。"

恢复历史风貌

思南公馆从规划、设计到施工全过程，都坚持遵循保护优先的理念，翻遍将近一个世纪前的所有建筑图纸，尽力将历史的原貌再次重现。木地板、扶手、壁炉、瓷砖、五金件、装饰细部等，每样都尽力做到原汁原味。

修缮前思南公馆建筑群外立面的墙体，很多都是陈旧的黄色。经专家和设计团队反复验证，终于确认了最初的选材——鹅卵石。为保证"原真性"，仅对石头排列试样就做了 65 种样板，选定了最为接近"真相"的一种。仅仅是修复外墙，就用掉了 800 吨鹅卵石。

修缮后的历史建筑细部，永业集团提供

1.思南公馆主入口，永业集团
提供

2.修缮后的思南公馆历史建筑，
永业集团提供

1

2

1. 新建建筑与历史建筑新旧共生，法国夏邦杰建筑设计事务所提供

2. 重庆南路256号历史建筑修缮后立面，永业集团提供

3. 2003年思南路沿街，永业集团提供

4. 2016年思南公馆沿街，永业集团提供

1

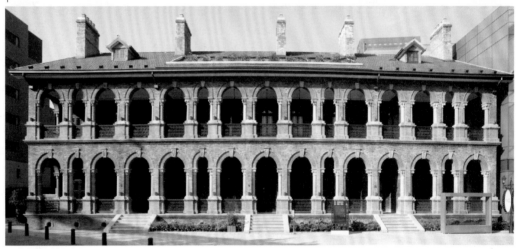

2

3

4

1. 保护规划总图
资料来源：《上海市卢湾区思南路花园住宅区保护与整治规划》

2. 思南公馆功能分区示意图，永业集团提供

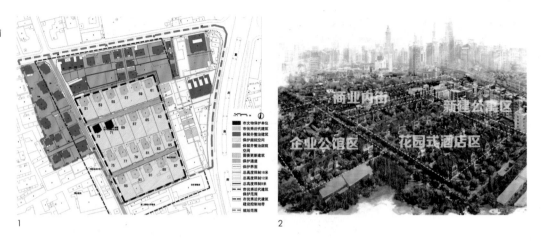

重塑功能、焕发新生

在注重对历史风貌和优秀历史建筑精心保护修缮的同时，思南公馆街区还按照体现原真的风貌、优雅的环境、开放的空间、与时俱进的功能这一总体目标，对区域的功能进行重新塑造。

改造后的思南公馆包括酒店、商业、新建公寓和企业公馆四个功能分区，并通过多个露天广场和步行街网络，将四个功能区连为一体，完善了运营所需的现代功能。

新旧共生、交相辉映

除了对历史风貌的精心保护，街区内新增的现代风格的建筑也为思南公馆注入了新时代的气息。

新建筑的设计手法有以简洁的玻璃体量通过丰富的组合形成律动，保留自身识别性的同时烘托历史建筑；也有通过与历史建筑相似的材料和色彩，经过现代风格、比例的重构，形成与历史建筑和而不同的艺术特征。既维护了历史街区的整体性，又体现了与时俱进的生命力。

公共开放

2010 年 5 月，上海世博会召开时，思南公馆项目基本建成并试运营。

2016 年，永业集团先后收回了思南公馆项目外资与其他国企的股权，形成了 100% 国企独资运营，专心致志打造文化品牌。

为扩大项目文化品牌的吸引力和影响力，思南公馆以"文化思南，城市空间"为定位，以"公共互动、开放包容"为调性，巩固深化和创新拓展了一批深受群众欢迎和喜爱的文化活动载体，积极打造"文化思南"品牌，把街区公共空间向社会开放，培育了思南读书会、思南纪实空间、思南赏艺会、思南城市空间艺术节、思南书局、思南文学选刊、思南露天博物馆等一批品牌项目和活动，持续用创意点亮公共空间，用人文传递城市温度。思南公馆现已成为集人文、历史和时尚于一身，极具特色的城市公共空间和蜚声沪上的文化名片。

每年 800 多场公益文化活动在思南公馆上演，吸引了公众的广泛参与，同时带动了商业街区的繁荣。公众可以随时步入思南公馆，在思南街区转角遇见各种国内外艺术演出，在思南文学之家与思南读书会、思南纪实空间的嘉宾面对面交流，跟着素人导览嘉宾漫步思南，聆听思南老洋房的故事……

思南公馆丰富多彩的公共开放活动，永业集团提供

开放指南

思南公馆商业街区 24 小时开放；

思南露天博物馆展示空间——时光弄堂，每日 9：00—22：00 开放。

参考文献

[1] 钱军，马学强 . 阅读思南公馆 [M]. 上海：上海人民出版社，2012.

[2] 阮仪三 . 从上海到澳门：同济大学城市遗产保护与规划创新典型案例 [M]. 上海：东方出版中心，2013.

[3] 魏闽 . 思南路 47—48 号街坊的整体性保护研究 [D]. 上海：同济大学，2006.

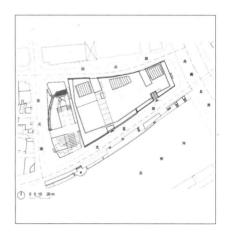

总平面图

历史地图
资料来源：《老上海百业指南》

项目地址：静安区光复路 1—21 号
保护级别：全国重点文物保护单位（2019 年公布）

建造年代：1930—1935 年
初建功能：仓库
原设计人：通和洋行

项目时间：2014—2015 年
建筑面积：25 550 m²
现状功能：纪念馆、创意办公
建设单位：百联集团
设计单位：华建集团上海建筑设计研究院有限公司
施工单位：上海建工五建集团有限公司
监理单位：上海一测建筑咨询有限公司

上海四行仓库抗战纪念馆
Shanghai Sihang Warehouse Battle Memorial

四行仓库抗战旧址
The former site of the Defense of Sihang Warehouse

历史变迁

兴建四行仓库

20 世纪初，伴随着上海近代工商业和金融业的发展，上海出现了以金融业仓库为代表的商业性仓库，主要用以存放银行客户的抵押品。老闸北苏州河北岸河南路至恒丰路一带，因南临苏州河，北靠沪杭火车站和上海东站（麦根路货站）的优厚交通条件，成为工商业、金融业仓库的重要聚集地之一。

为突破外资银行对各种业务的垄断，中国近代的部分华资银行联合营业，如"北四行"（盐业银行、金城银行、中南银行、大陆银行四家联合，简称"四行"）是近代中国金融界中成功的合作典范。1920 年陆续成立四行准备库、四行储蓄会、四行信托部等机构。1935 年，于苏州河北岸光复路 21 号建成"四行信托部上海分部仓库"，即"四行仓库"。此前，其东侧大陆银行仓库已于 1930 年建成。

四行仓库保卫战

1937 年 7 月 7 日，日本开始全面侵华。8 月 13 日，"淞沪会战"爆发。这是中国抗日战争第一场大规模战役。

激战至 10 月，日军先后突破大场、罗店、南翔一线，直至江湾、闸北等华界全境。10 月 26 日，88 师 524 团中校团附谢晋元紧急受命率领以第一营为骨干组建的 400 余人的加强营（号称"八百壮士"），以四行仓库为固守据点，誓死抵抗，掩护主力部队向西撤退。

10 月 27—31 日，中日双方在此激战，谢晋元率孤军顽强死守，四行仓库坚如堡垒，日军数次进攻、伤亡惨重，后焚毁周边建筑，以密集平射炮击穿西墙上部，洞口累累。

四行仓库保卫战轰动全国，彰显了民族不屈抗争之精神，极大地鼓舞了中国军民士气。这座近代仓库，承载着上海悲壮的抗战记忆。

1. 四行仓库鸟瞰历史照片
资料来源：上海四行仓库抗战
纪念馆

2. 四行仓库西墙被炮击后
资料来源：上海四行仓库抗战
纪念馆

3. 南立面历史照片
资料来源：上海四行仓库抗战
纪念馆

4. 战火中的四行仓库
资料来源：上海四行仓库抗战
纪念馆

项目运作

战后变迁

抗日战争后，四行仓库和大陆银行仓库作库房用。1952 年，四行公私合营，四行仓库、大陆银行仓库更名为公私合营银行上海分行光复路第一、第二仓库，后收归上海市国营商业储运公司所有。2003 年划入百联集团。1980—2014 年曾先后作家具城、小商品批发市场等。

1995 年 8 月，为纪念抗日战争暨世界反法西斯战争胜利 50 周年，当时由一百集团及其员工共同出资在四行仓库内筹建"四行仓库八百壮士英勇抗日事迹陈列室"。

政府与企业协作

2014 年，上海市委市政府为了筹备纪念中国人民抗日战争暨世界反法西斯战争胜利 70 周年，决定对四行仓库抗日纪念地实施保护修缮工程。与此同时，百联集团从管理运营角度希望将四行仓库进行产业升级，遂双方达成合作协议。

项目完成后百联集团无偿提供四行仓库约 4000 平方米范围用作上海四行仓库抗战纪念馆，其余空间由百联集团用于创意办公和商业出租。百联集团还向区政府捐赠了原"四行仓库八百壮士英勇抗日事迹陈列室"文物资料，继续用于抗战纪念馆的展陈。

1

2

3

4

项目策略

四行仓库包含两座仓库，西侧四行仓库和东侧大陆银行仓库。修缮前占地面积 4550 平方米，建筑面积约 29 900 平方米，经过这些年的使用搭建至七层；修缮后建筑面积 25 500 平方米，拆除七层。西侧一至三层为四行仓库抗战纪念馆，其余则主要用作创意办公和商业功能。

全面整治总体环境

拆除西墙外各后期搭建，开辟纪念馆西广场——晋元纪念广场，在市中心苏州河畔创造原址纪念空间；完善内外参观流线、办公人流和车流；保留两座仓库原中央南入口为主要入口，另增设两个北入口（东侧为办公入口，西侧为车流货流入口）。

完整地保护建筑整体

按历史资料与现场勘察比对后，分别修复两座仓库的南立面，至 1935 年建成历史原貌；通过拆除七层搭建，保留的六层在东、南、西三面均作退进，并对其外墙作低灰度粉刷使其视觉上隐退，才得以完整恢复原五层屋顶檐部、女儿墙、柱顶花饰等立面特色装饰，在苏州河畔呈现出历史原貌。

修复西墙，重现抗战历史创伤

西墙是四行仓库保卫战中战斗最激烈、受损最严重的部位，如何保护西墙是本项目的重大课题。

设计人员采用红外热成像、摄影测量等技术方法，经定位剥除外墙粉刷后查明，四行仓库的初始墙体为红砖，1937 年战后曾用青砖封堵炮弹洞口。青红砖砌筑边界基本反映了当时的墙体洞口情况，历史照片中炮弹洞口位置得到真实的实物印证，这是极其重要的历史信息。

设计方历经十余个西墙方案比选，最终实施还原部分战争炮弹洞口展示战斗遗迹的方案。680 米长、战痕累累的西墙，如同卧碑展示在人们面前，控诉着当年日军侵略的历史。

植入新功能及重塑公共空间

设计重塑公共空间，拆除原中央通廊的后期封堵，改造为富有新意的通高中庭。其西一至三层是抗战纪念馆，其余部分一层做停车、后勤等多功能使用，二层以上办公，六层为会议区和可上人观景平台。

为方便人流聚散，中庭重新设计天窗，宽敞的楼梯和背景墙均采用浅色木作，光线明亮，营造出温馨的氛围。

1. 西墙历史照片复原图，设计单位提供

2. 针对不同破坏类型的修缮方法，设计单位提供

1

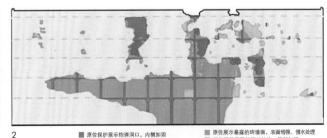

2

■ 原位保护展示炮弹洞口，内侧加固　　　■ 原位展示暴露的砖墙面，表面增强、憎水处理

■ 原位保护展示青砖封堵的炮弹洞口，　　■ 原位展示暴露的钢筋结构，局部加固
　表面增强、憎水处理　　　　　　　　　■ 保持粉刷饰面，墙面清洗修复

1

1.四行仓库修缮后鸟瞰图，邵
峰摄

2.修缮后的西立面炮洞口，邵
峰摄

2

1. 修缮前南立面，邱致远摄

2. 修缮后南立面，邵峰摄

3. 修缮后东立面，邵峰摄

4. 改造后的中庭台阶，邵峰摄

5. 修缮后沿街立面，邵峰摄

1

2

3

4

5

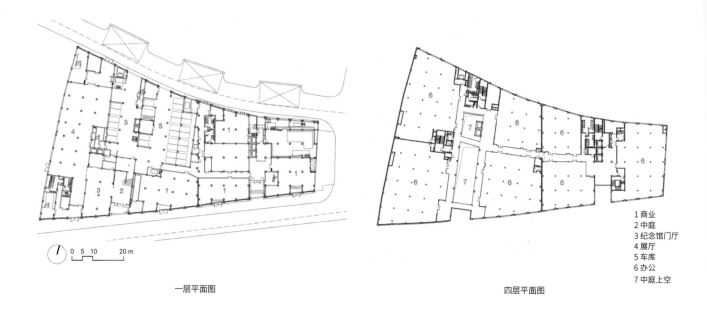

一层平面图

0 5 10 20 m

四层平面图

1 商业
2 中庭
3 纪念馆门厅
4 展厅
5 车库
6 办公
7 中庭上空

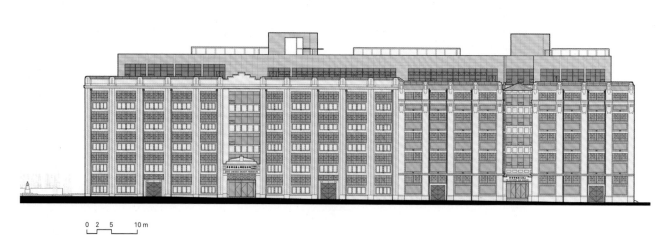

0 2 5 10 m

南立面图

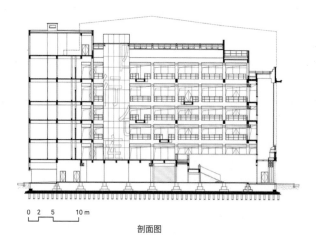

0 2 5 10 m

剖面图

1. 纪念馆展厅内部，邵峰摄

2. 教育活动
资料来源：上海四行仓库抗战
纪念馆

1   2

同时，通过结构加固，增设抗震阻尼器，更换中空玻璃窗，增设空调、消防系统、电梯等，全面提升建筑安全性和舒适度，以适应当代的使用需求。

公共开放

2015 年 8 月 13 日，上海四行仓库抗战纪念馆正式开馆，成为社会教育、陈列展示、公众宣传、学术研究和征集保管的专业场馆。

纪念馆内除了版面、实物等常规展陈形式，还辅以战斗场景、沙盘模型、微缩景箱、油画雕塑、互动游戏和影视片等展示手段，给观众以全新体验与感受。

品牌活动互动教育剧《四行仓库保卫战》以纪念馆陈列场景为装置布景，融入体验式教育元素，通过场景还原，让参观者直面体验保卫战四天四夜中的特殊时刻，了解保卫战惨烈和感人的真实故事。

建筑师感言

唐玉恩

人们不会忘记，1937 年 8 月 13 日日军悍然发动第二次淞沪战争，中国军队奋起抗击，10 月 27 日为掩护主力西撤，中日激战在建成才两年、坚如城堡的四行仓库，西墙上被炮弹击穿的洞口述说着此役惨烈异常。2014 年 7 月，上海建筑设计研究院有幸承担四行仓库这一抗战遗址的保护利用复原工程设计，我们怀着敬仰之心，尊重历史，以当代技术复原真实战争创伤、重组空间流线。

四行仓库的西部以震撼人心的受损西墙以及纪念馆的建立，向奋勇抗战的将士们致以敬意。这座抗战遗址屹立在苏州河畔，以不屈抗敌的民族精神永存。

邹勋

真实性是文物的重要属性，而能将文物所蕴含的真实、丰富的历史信息展示给公众是文物保护工程孜孜以求的目标。四行仓库正是这么一个紧扣以上两个主题的抗战遗址保护与展示项目，获得了全国优秀文物保护工程奖。工程中西侧"弹孔墙"、南侧仓储建筑立面风貌、入口内中庭、无梁楼盖等建筑特色部分得以有效发掘、保护、展示与利用。

开放指南
上海四行仓库抗战纪念馆
开放时间：9∶00—16∶30（16∶00 停止入馆），周一闭馆。
公共交通：地铁 1 号线（新闸路站）、8 号线（曲阜路站）、12 号线（曲阜路站）、公交 15、46、108 路、隧道三线。

参考文献
[1] 陈从周，章明 . 上海近代建筑史稿 [M]. 上海：上海三联书店，1988.
[2] 唐振常 . 上海史 [M]. 上海：上海人民出版社，1989.
[3] 伍江 . 上海百年建筑史（1840—1949）[M]. 上海：同济大学出版社，1997.
[4] 吴景平，马长林 . 上海金融的现代化与国际化 [M]. 上海：上海古籍出版社，2003.
[5] 上海市文物管理委员会 . 上海工业建筑实录 [M]. 上海：上海交通大学出版社，2009.
[6] 唐玉恩，邹勋 . 勿忘城殇——上海四行仓库的保护利用设计 [J]. 建筑学报，2018(5): 16-19.

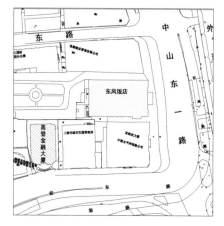

总平面图

历史地图
资料来源：《老上海百业指南》

项目地址：黄浦区中山东一路 2 号
保护级别：全国重点文物保护单位（1996 年公布）

建成年代：1910 年
初建功能：俱乐部
原设计人：B.H. 塔兰特＆布雷

项目时间：2008—2010 年
建筑面积：9412.7 m²
现状功能：酒店
建设单位：上海新联谊大厦有限公司
设计单位：华建集团上海建筑设计研究院有限公司
施工单位：上海建工二建集团有限公司
监理单位：上海建科工程咨询有限公司

上海外滩华尔道夫酒店
Waldorf Astoria Shanghai on the Bund

上海总会大楼
The former Shanghai Club

历史变迁

　　上海总会大楼是现存的原上海租界地俱乐部建筑的典型代表。大楼外观上带有巴洛克装饰的英国新古典式风格特征，室内装饰豪华精致。在 20 世纪初期，较早采用筏板基础和钢骨混凝土结构，较早配置当时较为先进的电梯、暖气、电话、热水等设备设施，是上海外滩建筑群中的重要建筑。

　　上海总会（Shanghai Club）又称旅沪英侨俱乐部，为上海第一个外侨总会。1864 年初建时为殖民地外廊式风格的 3 层建筑，1909 年拆除旧址新建 6 层大楼，1910 年正式落成。1941 年，"太平洋战争"爆发后，总会被迫关闭，抗战胜利后复业。1949 年后，英侨相继回国，总会再次关闭。1956 年，上海市人民政府接管了这座大楼，作"国际海员俱乐部"用。1971 年改为东风饭店，拥有餐饮、娱乐、旅馆、办公等功能，成为一家著名的酒店。

　　1989 年 9 月 25 日，上海总会大楼被上海市人民政府公布为上海市文物保护单位、优秀近代建筑，并作为"外滩建筑群"的重要组成部分，于 1996 年 11 月 20 日被国务院列为第四批全国重点文物保护单位。

　　1989 年 12 月 8 日，上海市第一家"肯德基"连锁快餐厅进驻大楼底层南侧原酒吧间和一层部分房间，拆除了著名的长吧台，并对部分房间作重新布局。1990—1991 年，大楼的四层（图纸名称为五层）进行过一次装修。

　　历年来东风饭店虽经多次修缮改造，仍基本保持了 1910 年建成后的历史面貌，并沿用原有结构体系，精华犹存。

项目运作

　　外滩建筑群形成以来使用至今，改革开放后，外滩建筑群在原有基础上逐步得到保护修缮及部分更新。

　　20 世纪 90 年代中期开始，通过房屋置换，上海浦东发展银行、美国友邦保险公司、上海外汇交易所、招商银行和盘谷银行等多家单位陆续进驻外滩，上海作为金融中心的格局基本恢复。其中，上海久事公司于 1998 年取得了上海总会大楼的产权。

1. 上海总会历史照片
资料来源：Far Eastern Review

2. 上海总会和外滩历史照片
资料来源：上海图书馆馆藏

2004 年后，随着外滩部分大楼引进高端商业、休闲和文化等功能，外滩开始迈入一个新的历史发展阶段。

为适应 2010 年上海举办世博会的需要，外滩配套高端商务功能得到提升。2007 年，作为外滩 HP191 地块"联谊二期"项目的重要组成部分，原上海总会在空置多年后迎来了保护修复利用更新的机遇。

由锦江国际集团和上海久事公司联合投资建设，并聘请希尔顿酒店集团旗下顶级品牌华尔道夫进行管理，上海外滩华尔道夫酒店成为这栋百年建筑的新主人。

1

2

项目策略

作为全国重点文物保护单位——外滩建筑群的重要组成部分，大楼的保护与利用，既着重于真实与完整的保护，同时兼顾合理与可持续的利用。修缮改造后的大楼通过西侧扩建连接体与"联谊二期"（酒店塔楼）连通，成为酒店的高端接待与特色套房楼。

全面整治外部环境，保护修复原有风貌与空间格局

大楼历史外观具有不可复制的独特性。沿中山东一路的东立面是大楼的外滩沿江主立面，大气而精致。本次设计力求完整再现其东立面和转角立面英国新古典主义风格的特色风貌及巴洛克风格雕饰；经试样精心修复原南北立面的卵石墙，并修缮原有特色各立面门窗（部分更新），留存特色，延续价值。

完整保护修缮大楼内独特的大小两个弧形双层玻璃采光天窗，更换成安全玻璃，提高透光率，恢复大厅明亮而高雅的空间特色，提升品质。

在考证的基础上，按 1916 年增设雨篷的历史形式复原主入口钢构架玻璃大雨篷，主要利用原钢构架、更新安全玻璃，并根据现有外滩人行道高度适当提升雨篷外沿口底面标高。复原的大雨篷大气而轻盈。

本次完整保护了各个重点部分的室内空间格局和特色装饰，包括底层入口门厅、底层大堂、底层沙龙、弧形大楼梯和三边开敞式电梯等。

修缮后外立面，陈伯熔摄

恢复高档交际、休闲场所的功能，优化客房层布局与流线

在对历史原有空间深入解读的基础上，对本楼特色空间进行保护与利用，重在保留特色，合理利用。如对底层和一层空间，恢复其公共空间的高雅特色和豪华气派的餐饮接待功能；二层和三层的原有客房，借本次保护之机，整体性能升级为顶级的全套房；而四层则华丽转身，改造为坡顶之下的特色餐饮。

按国际高端酒店所需，适当布置新的功能，并按历史资料，复原了曾被损坏的底层酒吧间和著名的"远东第一长吧台"特色家具陈设等。原上部 40 间小客房被改造更新成 20 间设施齐全的高级套房。

新增的西侧连接体内设电梯、疏散楼梯、卫生间及相关后勤设施，全面提升了酒店的现代化水平和舒适性。

全面提升建筑品质、设备设施及消防等性能，以适应当代顶级酒店的使用要求

设备设计与安装是修缮难点之一。按顶级酒店的标准配置机电、消防及节能系统，创造适合当代使用的舒适环境，又注意隐蔽性最小干预原则，充分利用大楼内部的特殊空间，巧妙隐蔽安装喷淋、风口等设施，如长廊酒吧结合酒柜设置风管等，效果极佳。

同时，"全过程设计"及"多专业协作"的工作方法贯穿项目始终，在原结构体系不变的基础上，进行局部加固，满足文物建筑保护与利用相协调的要求。

修缮后室内，陈伯熔摄

修缮后酒店大堂，陈伯熔摄

1

2

3

1. 修缮后宴会厅，陈伯熔摄

2. 修缮后套房，陈伯熔摄

3. 修缮后套房会客厅，陈伯熔摄

1

2

3

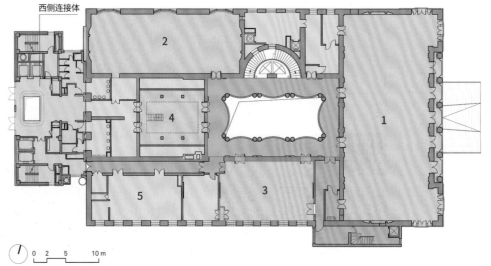

西侧连接体

1 大宴会厅（原宴会厅）
2 小宴会厅（原桌球室）
3 会议厅（原小宴会厅）
4 接待前厅（原图书馆）
5 厨房（原棋牌室）

0 2 5   10 m

一层平面图

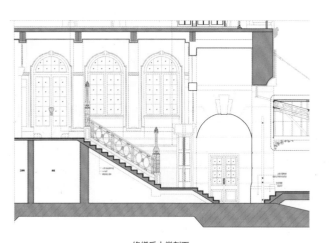

修缮后大堂剖面

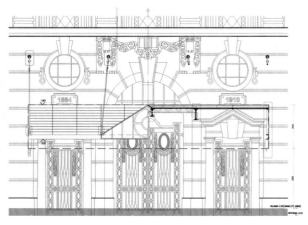

修缮后入口详图

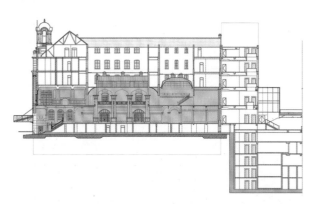

剖面图

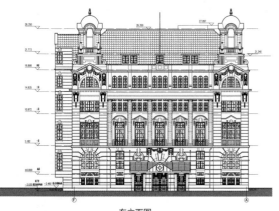

东立面图

公共开放

2011 年 4 月，上海外滩华尔道夫酒店正式开业。酒店包含老楼和新楼两栋主要建筑，老楼即文物建筑上海总会大楼，并借鉴其原英文名"Shanghai Club"命名为"Waldorf Astoria Club"。新、老楼通过老楼西侧扩建的连接体及两楼之间庭院下方的地下室连接。

重新开放后的大楼，底层保留了最精华、雅致的公共空间，包括入口门厅、中央大厅及周边回廊等。大厅西北角为特色餐厅，提供纽约风味的现代美式菜肴；东北角的沙龙厅是午茶、阅读和私人聚会的理想场所；南侧则是复原的拥有 110 英尺（33.53 米）长吧台的长廊酒吧。

一层设大、小宴会厅及会议室，大宴会厅可供婚礼、会议、盛大的社交活动等多种功能使用，其东侧阳台可俯瞰外滩美景。二、三层每层各设 10 套豪华套房；四层则是特色中餐厅。

大楼的重新改造利用，不仅使文物建筑本体得到更好的保护、更新，以适应新的时代需求，同时也提升了外滩南端滨江区域的景观环境与风貌品质，强化外滩南端的区域特色，"使文物建筑有尊严地走向未来"。

建筑师感言

唐玉恩

上海总会大楼位于外滩南端，它一直以优美造型和雅致而丰富的公共交际空间著称，但数十年中几经变迁。

本次保护修缮设计可谓当代建筑师对经典英国新古典主义加巴洛克风格装饰的建筑与艺术的深入考察、思考与保护。设计如履薄冰，既要尊重历史、精细恢复风貌及艺术性装饰，又要谨慎并最小干预地增设先进设备、设施，提升其现代化水准和舒适度。通过反复研究、寻找保护优先前提下的最佳技术方案，让这栋历经百年的典雅精致的文物建筑重获新生，继续传承外滩建筑群历史，同时以其独特的历史文化艺术资源为当代社会提供高端服务。

吴家巍

文物建筑是物质文化遗产和非物质文化遗产的综合体现，反映了一座城市在历史、人文、经济等方面的发展脉络，是有温度、可以阅读的活历史书。通过修缮和保护整治，保持原建筑的生态气息，让老建筑焕发其独有的魅力！

参考文献

[1] 钱宗灏 . 百年回望：上海外滩建筑与景观的历史变迁 [M]. 上海：上海科学技术出版社，2005.

[2] 史梅定 . 上海租界志 [M]. 上海：上海社会科学院出版社，2001.

[3] 唐玉恩 . 上海外滩东风饭店保护修缮与利用 [M]. 北京：中国建筑工业出版社，2013.

[4] 华东建筑集团股份有限公司 . 共同的遗产 2[M]. 北京：中国建筑工业出版社，2021.

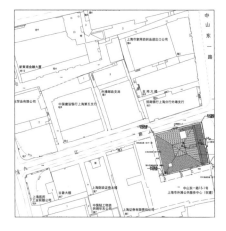

总平面图

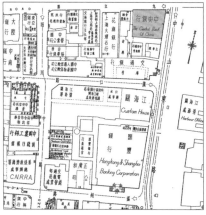

历史地图
资料来源：《老上海百业指南》

项目地址：黄浦区中山东一路 15 号
保护级别：全国重点文物保护单位（1996 年公布）

建成年代：1902 年
初建功能：办公
原设计人：海因里希·贝克

项目时间：2010—2014 年
建筑面积：5018 m²
现状功能：办公、接待
建设单位：中国外汇交易中心
设计单位：上海章明建筑设计事务所（有限合伙）
施工单位：上海住总集团建设发展有限公司
监理单位：上海市工程建设咨询监理有限公司

中国外汇交易中心
China Foreign Exchange Trade System

华俄道胜银行
The former Russo-Chinese Bank

历史变迁

华俄道胜银行的成立及大楼建造

沙皇俄国与法国于 1895 年合资设立华俄道胜银行，1896 年诱使清政府入股，设分行于上海，租借法国巴黎贴现银行上海分行楼面开展业务；1899 年，英商约翰·颠地开办的宝顺洋行濒于破产，被迫将部分房地产出卖，华俄道胜银行遂购进外滩 15 号这块地皮，并计划在外滩动工兴建银行大楼。

大楼由海因里希·贝克设计，上海项茂记营造厂承建。占地面积 1460 平方米，建筑面积约 5000 平方米，高 3 层，建筑具有新古典派文艺复兴时期风格，1902 年竣工。

大楼使用变迁

1917 年俄国"十月革命"爆发后，圣彼得堡的华俄道胜银行总行被苏联政府没收，其总行由巴黎分行升任。中国当时的 14 个分行均继续营业，但实力已大不如前。

1920 年 8 月 8 日，北洋政府将该行中国股本拨充教育基金，该行从此失去中外合资名义，成为纯粹的外商在华银行，但名称未改动。

到了 1926 年，巴黎总行因外汇投机被清理，影响到中国诸分行，它们随之纷纷倒闭。1928 年 11 月 1 日，南京国民政府设立国家银行，即中央银行，这里成为其行址。

1949 年后，原中央银行由中国人民解放军上海市军事管制委员会接管清理。此大楼曾是上海民主党派集中办公地，以后又有上海市第二轻工业局等多家机构租用过。20 世纪 80 年代上海航天局也进入办公。

项目运作

中国外汇交易中心在此成立

1991 年，上海外汇调剂中心通过置换获得大楼产权，成为第一家通过置换进入外滩的金融机构。1993 年，大楼进行修缮改造。

1994 年 4 月，中国人民银行下属中国外汇交易中心成立并在此隆重开业，大楼成为该中心办公场所，上海外汇调剂中心并入。

1   2

大楼重新定位提升

2009 年，大楼遇到上海市打造"国际金融中心"及"外滩金融集聚带"的机遇，中国外汇交易中心对大楼进行了重新定位，以符合上海市政府将外滩区域打造成具有相当国际影响力的资产管理中心、资本运作中心和金融服务中心的设想要求。

通过本次修缮，拟将该大楼实现四大功能，即客户服务中心、业务展示中心、会议接待中心及同城灾备中心。

项目策略

本次修缮结合外滩 15-1 号的同时建设，对外滩 15 号大楼进行整体复原。

外立面复原

外立面基本保存完好，但在西立面和南立面由于历史上有搭接、扩建辅楼，对外立面有一定的影响，因而是本次修缮的重点。

理想的复原是根据历史照片和对历史建筑本体的理解，以及现场残留的痕迹，对外立面进行复原。但事实上由于使用功能的限制，诸多部分无法忠实原状复原。如外窗仍采用铝合金双层中空玻璃窗，三层正立面外廊仍封闭等。

由于外滩经过 100 多年的变迁，多次道路改造，加之建筑本体的沉降，因此沿中山东一路普遍存在人行道路面高出室内地坪标高。外立面立柱柱脚被埋入人行道地坪以下，如此造成建筑入口两侧塔斯干柱式比例不协调。这是本次外立面修缮的一个重点。在修缮中，通过将人行道地坪凿开，逐步露出原始花岗石踏步标高。同时，将室内后期填高的地坪凿除，直至入口部分的花饰缸砖地坪，室内室外同步排摸从而找到原始地坪标高。通过踏步调整、增设排水沟、补设地埋灯与泛光照明结合设计，从而将沿外滩入口部分的高差关系重新梳理顺畅，也露出了原始立柱的柱脚，改善其立面比例关系。

而沿九江路立面入口门头两侧立柱柱脚目前仍露出地面，考虑到九江路人行道相当窄，维持原状。

雕塑

檐口下部人面像考虑到无法从内侧拉襻固定，只能外挂，因此采用 GRC 材料，外用仿石涂料喷涂。人面像因有不同角度历史照片的留存，加之现状留有凿除后的痕迹，外轮廓尺寸可准确判断，因此复原较有把握。

二层券肩内的小天使造型依稀可辨，现场也有一定的轮廓痕迹可寻，从而相对有把握。但由于雕塑作品不可能完全一模一样，艺术家的创作带有一定的随意性和个人风格，既然将其作为艺术品考虑，也可以接受。

券心石人面雕像从历史照片看，由于角度、摄影距离的关系，很难清晰辨别。根据多次专家评审意见，拟采用 301 室室内西侧壁柜顶部木雕人面像造型。

恢复室内空间

1993 年，改造室内时增加了大量设备和管线，因此在原始天花下，标高下降较多，本次修缮最大量的工作是重新布置设备和管线，露出原始天花，恢复历史空间。

室内东侧朝向外滩的诸多房间，室内保存相当完好，特别是三层几个房间的实木天花、墙裙、固定家具，几乎毫发无损。

1. 人面像立面、剖面图，设计单位提供

2. 小天使雕像，设计单位提供

3. 券心石人面雕像，设计单位提供

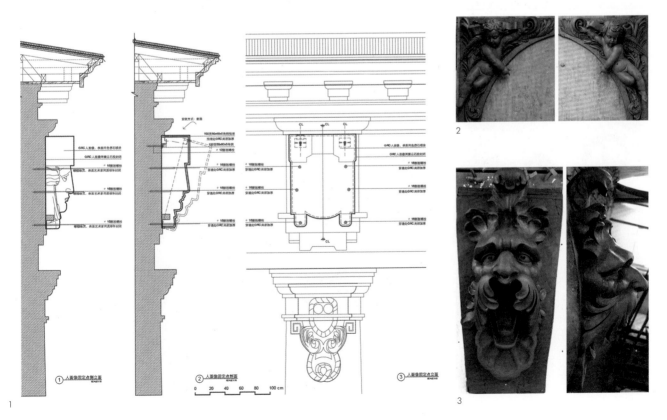

1

2

1. 修缮前外滩 15 号，设计单位
提供

2. 修缮后回廊，设计单位提供

1

1. 修缮后进厅，设计单位提供

2. 修缮后回廊，设计单位提供

3. 修缮后大厅，设计单位提供

2

3

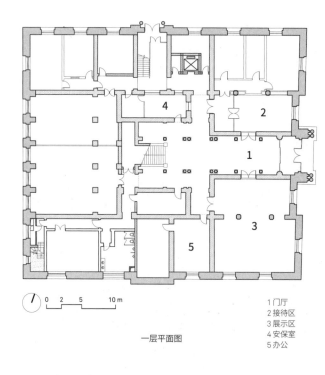

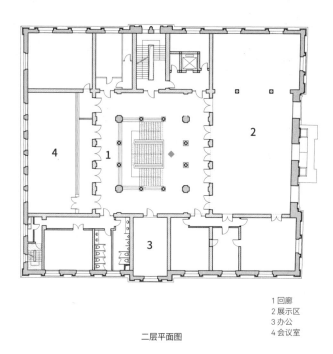

0 2 5   10 m

一层平面图

1 门厅
2 接待区
3 展示区
4 安保室
5 办公

二层平面图

1 回廊
2 展示区
3 办公
4 会议室

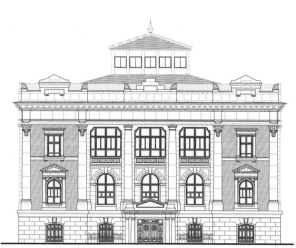

南立面图

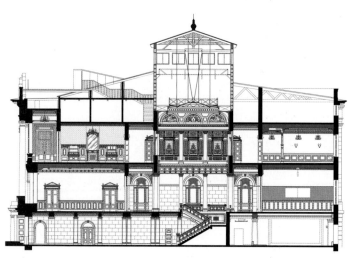

剖面图

1. 缸砖断面局部放大，设计单位提供

2. 缸砖背面字样，设计单位提供

缸砖

在 1993 年保留了一小块于二层中庭回廊部分，同时，在凿除原始地坪的过程中，较为完好地保存在仓库中（在此楼梯间内留存的缸砖约 1000 片，折合面积不到 30 平方米）。而本次修缮中，由于沿外滩入口需要降低标高以露出原始立柱柱脚，从而将入口部分 1993 年后铺的地坪凿开，发现了原始缸砖地坪。

在修缮中，对完整保存在仓库中的缸砖进行排摸，发现所有缸砖背面均有字样，寻找较为清晰的缸砖发现上印有 Villeroy & Boch Mettlach（德国唯宝）字样，由此为线索来寻找原始生产厂商。

尊重不同时代的痕迹

在很多项目中，往往对历史上不同时代的修缮，都加以忽视，或者简单确定复原到某个时间点，事实上，建筑中的情况相当复杂，不同年代有不同的使用功能需求，有不同的审美情趣倾向，因此，要完全复原到某个时点，势必清理掉覆盖于上的其他时间段的内容。而每个不同时代痕迹的存在将增加其时间纬度历史感，是互为衬托的。比如，三层最初并非围绕中庭完整的四面回廊，而是三面的，1993 年改造时将西侧与中庭墙面相连的隔墙拆除了。此次也不再恢复原始平面，尊重了 1993 年改造时形成的空间趣味。

外滩 15 号修缮工程持续了将近四年时间，修缮后展现在世人面前的是充满历史沧桑感同时又满足今日使用需求的中国外汇交易中心。

建筑师感言

章明

在上海，外滩中山东一路 15 号华俄道胜银行旧址很少有人知晓，但该银行却在中国银行发展史上占有一席之地，对东北三省乃至新疆等北方地区影响巨大。从其建成的时代背景而言，社会人文历史是极其深厚的。建筑本身体量不大，在整个外滩沿线也不起眼，但该建筑却囊括了上海近现代建筑历史上的诸多唯一和第一，如第一个采用沉沙地基、第一个采用古典主义立面作为商业建筑、第一个采用面砖的近代建筑、第一个将建筑雕塑用于外立面等。此外，该建筑同时采用砖、石、钢、混凝土混用的结构体系，为获得大空间还采用了反吊结构，而室内原始天花装饰都遵从结构，体现了装饰遵从结构的设计理念。

参考文献

[1] 黑龙江金融历史编写组 . 华俄道胜银行在华三十年 [M]. 黑龙江 : 黑龙江人民出版社，1992.

[2] 杨培新 . 华俄道胜银行 : 沙俄侵华历史内幕 [M]. 香港 : 香港经济与法律出版社，1987.

[3] WARNER T. Deutsche Architektur in China:Architekturtransfer Architectural Transfer[M]. Berlin: Ernst & Sohn, 1994.

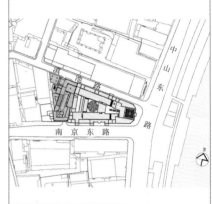

总平面图

历史地图
资料来源：《老上海百业指南》

项目地址：黄浦区南京东路 20 号
保护级别：全国重点文物保护单位（1996 年公布）

建成年代：1929 年
初建功能：综合多功能商业
原设计人：公和洋行

项目时间：2007—2010 年
建筑面积：51 149 m²
现状功能：酒店、商业、办公
建设单位：上海和平饭店有限公司
设计单位：华建集团上海建筑设计研究院有限公司
合作设计：HBA 赫希贝德纳联合设计顾问有限公司
施工单位：上海建工一建集团有限公司
监理单位：上海浦东新区建设监理有限公司

和平饭店
Fairmont Peace Hotel

沙逊大厦
The former Sassoon House

历史变迁

近代历史文化的丰碑

和平饭店（原沙逊大厦）是上海外滩建筑群中最著名的近代建筑之一。

1926年，英商维克多·沙逊在南京东路外滩投巨资建造沙逊大厦，由公和洋行设计，于1929年落成。沙逊大厦高近70米，是上海第一幢10层以上高层建筑，是上海近代建筑中的瑰宝。

大楼以现代高层建筑与装饰艺术派相结合，其为人熟知的高耸"四方锥顶"突破外滩天际线。立面造型以竖向线条为主，建筑内外各重点部位均呈装饰艺术风格（Art Deco）的装饰，高贵典雅。

沙逊大厦上部为豪华酒店（华懋饭店）、高档餐饮，下部为商业、银行及办公等多种功能。平面布局充分反映早期高层建筑中综合多功能商业大楼的特点：底层是"丰"字形双层拱廊的公共部分及奢华商店，楼层设装修风格独特的客房区、中西餐厅、大宴会厅等，空间形态极为丰富。客房层临江设闻名中外的中国、英国、美国、法国等"九国特色套房"。

1937年，"淞沪会战"时期，沙逊大厦经历了战争创伤，在"孤岛"时期仍对外营业。"太平洋战争"爆发后，大厦被日本海军部接管。抗战胜利后，沙逊大厦重归沙逊洋行。

名流云集

沙逊大厦从建成起就是上海最高端的社会活动和交际场所，一些声名显赫的名流政要曾光临过此。1930年，英国剧作家诺埃尔·科沃德在华懋饭店完成其成名作《私人生活》；1933年，华懋饭店接待过意大利著名物理学家——"无线电之父"马可尼；1936年，表演艺术大师梅兰芳、卓别林曾会面于华懋饭店；抗战胜利后美国总统特使乔治·马歇尔、飞虎队队长陈纳德等人也曾入住华懋饭店。

延续辉煌

1952年，沙逊大厦由上海市人民政府接管，曾作为中共华东局财政委员会办公处。1956年3月8日，原华懋饭店重新开业，冠名"和平饭店"，1965年名为和平饭店北楼。1992年，它成为国内唯一荣登"世界著名饭店"之列的酒店。

作为上海的一个窗口，和平饭店是上海最重要的国际接待场所之一。1998年10月曾作为海峡两岸"汪辜会谈"的场所，也曾接待过党和国家领导人，其他国家首脑如美国总统布什、克林顿等。

项目运作

2007—2010年，因上海世博会前外滩整体改造的契机，和平饭店得以在建成80年后停业进行全面系统的保护、修缮和扩建工程。

2010年8月2日重新开业后，名为"费尔蒙和平饭店"，由锦江国际集团与费尔蒙莱佛士国际酒店集团共同管理。

1.1930年的沙逊大厦
资料来源：《沧桑——上海房地产150年》

2.1928年4月施工中的沙逊大厦
资料来源：《上海近代建筑风格》

3.八层主宴会厅（现名"和平厅"）历史照片
资料来源：华建集团档案室

4.印度式套房历史照片
资料来源：华建集团档案室

5.中国式套房历史照片
资料来源：华建集团档案室

1

3

2

5

项目策略

恢复外立面历史原貌

"四方锥顶"是沙逊大厦最重要的标志之一。保护设计前锥顶表面铁皮的绿色调系后期改造时重漆，但因绿色的"四方锥顶"存在时间已较长，故不宜对"四方锥顶"的色调做大的改变。修缮中，先是小心清除了"四方锥顶"现有油漆，修补紫铜屋面板材。经反复试样比选和专家认可后确定最终实施方案。

保护扩建前，和平饭店北楼沿南京东路立面仅剩东侧酒店主入口的一个雨篷。此次工程恢复了三个雨篷的历史原貌，并将酒店主入口改为中部"八角中庭"所对入口处，不仅重现 30 年代沙逊大厦沿南京东路立面的历史风貌，也完善了和平饭店作为上海顶级酒店的功能与形象。

恢复底层公共空间原貌

保护扩建前，和平饭店北楼底层空间格局已失去了沙逊大厦时期的辉煌，原来极具特色的巨型交通骨架的空间格局——"丰"字形廊，在多年的使用过程中被其他单位占据，使得酒店大堂仅可用东侧的一小部分。"八角中庭"也被其他单位长期使用，并在中心部位搭建夹层，明显改变了其历史原貌。

保护扩建工程中，通过产权置换，迁出其他单位，拆除搭建，从而彻底贯通了大楼底层重要公共空间"丰"字形廊、恢复了"八角中庭"的历史原貌，重现沙逊大厦时的风采。

1.2010 年的四方锥顶，陈伯熔摄

2.修缮后的八角中庭，陈伯熔摄

1

2

精心保护各重点部位

在保护设计中，完整保护并恢复了广受社会各界关注的和平厅、龙凤厅、九霄厅、沙逊阁、"九国特色套房"等重要保护部位的室内风貌。值得一提的是上述空间经修缮后，设计人员巧妙隐蔽地布置设备及管线，使得所有历史装饰几乎不受影响，几乎无露明管线。

客房层的恢复与更新

二至七层客房层经过历年多次改造，部分改变了原有的空间格局，客房空间品质和设备设施也不能满足高端酒店的需求。保护设计中，不仅基本恢复了客房层历史布局，还重新设计了客房平面，大大提升了居住品质和舒适度。

确保文物建筑安全，提升舒适性

在完整保留大楼钢框架结构的原则下，对结构构件作了局部加固，确保安全。扩建新楼中，采用了多项技术措施以落实对老楼的保护。

1

2

对于各重点保护部位，在保护历史装饰的前提下尽可能因地制宜地完善消防、节能等设计，从而在保护的前提下提升建筑的舒适性。

扩建新楼，完善高端酒店功能

新楼是为了完善和平饭店北楼的功能和流线，使其符合现代高端酒店的要求，在和平饭店西侧后勤内院进行的扩建工程。新楼中设置水疗中心、游泳池等高端酒店必备的设施及一部分客房，增加了一些后勤用房及设备机房。

新楼的立面设计遵循与老楼协调统一和可识别性原则。两楼交界处保护和展示老楼西墙，最大限度地保护文物建筑的原有部位。

新楼的建设不仅从整体明显提升了和平饭店高端酒店的品质，还是一次对区域环境，特别是对周边主要城市道路——南京东路景观重大的改观和完善的机会。

1. 修缮后和平厅，陈伯熔摄

2. 修缮后龙凤厅，陈伯熔摄

3. 修缮后多功能厅，陈伯熔摄

4. 修缮后中国式套房，陈伯熔摄

5. 修缮后印度式套房，陈伯熔摄

6. 修缮后普通客房，陈伯熔摄

1

2

3

4

5

6

1 酒店门厅
2 八角中庭
3 "丰"字型走廊
4 酒廊
5 爵士吧
6 东门厅

0 5 10   20 m

底层平面图

南立面图

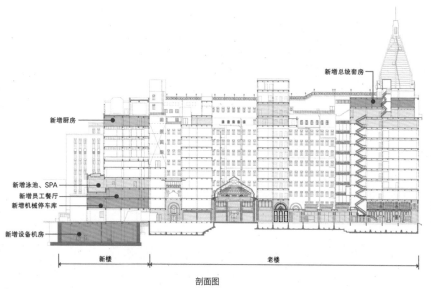

新增总统套房

新增厨房

新增泳池、SPA
新增员工餐厅
新增机械停车库

新增设备机房

新楼 老楼

剖面图

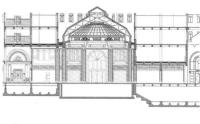

八角厅修缮剖面图

公共开放

2010 年 8 月，和平饭店重新对外开放。各楼层的使用功能基本得以延续和保留：底层"八角中庭"成为明亮华丽独具特色的酒店大堂，底层还包括酒店进厅接待区、"爵士吧"、商店廊等；二至七层为酒店客房区，其中五至七层临黄浦江的套房即为"九国特色套房"；八层为大宴会厅"和平厅"、中餐厅"龙凤厅"；九层"九霄厅"现为全日制西餐厅；十层原"沙逊阁"现为酒店总统套房。

酒店内还设有和平博物馆，展现沙逊大厦到和平饭店的历史记载和人文传奇。有专人讲解。另设部分有偿参观游览，由专业的工作人员带领参观。

保护扩建后的和平饭店，恢复了上海顶级酒店的历史地位，依旧以独特造型和高贵品质矗立于外滩，令世界瞩目。

和平饭店老年爵士乐团，和平饭店提供

建筑师感言

唐玉恩

和平饭店（沙逊大厦）是外滩建筑群中最有影响力的建筑之一，其高耸塔楼的独特造型、完整系列的装饰艺术派风格装饰、特色空间及综合功能，建成时即卓尔不群。但近几十年已难以适应当代需求。

2007 年起的保护扩建设计受到各界高度关注，设计团队心存敬畏、兢兢业业、深感责任重大。保护设计坚守原则，整个过程是加深对这栋转变外滩流行建筑风格、利用当时最新技术建造的经典建筑的认识过程；本次尤其注重建筑整体、空间及细部艺术的完整保护与恢复；在最敏感的南京东路外滩扩建新楼时，尊重老楼、谨慎探索新老建筑的协调、对话、具有可识别性的设计；研究在严格保护的前提下、复杂历史空间中增设当代设备的原则和系列技术……正是完整保护复原历史、注重细部、提升建筑品质，保护并提升了和平饭店的历史文化艺术价值，重新成为上海顶级酒店、重要的高端接待场所，在外滩建筑群中激发新活力。

参考文献

[1] 陈从周，章明.上海近代建筑史稿 [M].上海：上海三联书店，1988.

[2] 罗小未.上海建筑指南 [M].上海：上海人民美术出版社，1996.

[3] 伍江.上海百年建筑史 [M].上海：同济大学出版社，1997.

[4] 郑时龄.上海近代建筑风格 [M].上海：上海教育出版社，1995.

[5] 常青.摩登上海的象征——沙逊大厦建筑实录和研究 [M].上海：上海锦绣文章出版社，2011.

[6] 唐玉恩.和平饭店保护与扩建 [M].北京：中国建筑工业出版社，2013.

[7] 华东建筑集团股份有限公司.共同的遗产 2[M].北京：中国建筑工业出版社，2021.

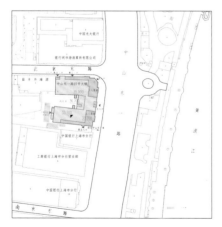

总平面图

历史地图
资料来源：《老上海百业指南》

项目地址：黄浦区中山东一路 27 号
保护级别：全国重点文物保护单位（1996 年公布）

建成年代：1922 年
初建功能：洋行办公楼
原设计人：思九生洋行
原营造商：裕昌泰营造厂

项目时间：2007—2014 年
建筑面积：14 627 m²
现状功能：办公、商业、餐饮
建设单位：上海久事置业有限公司
设计单位：华建集团上海建筑设计研究院有限公司
合作设计：凯里森建筑事务所等
施工单位：上海住总集团建设发展有限公司等
监理单位：上海市工程建设监理有限公司

罗斯福公馆
The House of Roosevelt

怡和洋行大楼
The former Jardine Matheson Building

历史变迁

早期的"老怡和洋行"

英商怡和洋行于 1843 年上海开埠之初就在上海开设分行，并于 1844 年取得上海外滩北京东路口大楼现址所在土地。早期曾建起一幢两层双开间办公楼，1861 年翻建成一幢面向外滩 15 开间、3 层高的砖木结构四坡顶楼房（当时外滩体量最大的一幢建筑），即《上海名建筑志》中所称的"老怡和洋行"。

大楼始建与加层

怡和洋行曾经营鸦片贸易、投资淞沪铁路、创办怡和纱厂、成立外贸航运公司等，20 世纪初已是上海规模最大的洋行之一，有"洋行之王"之称。怡和洋行大楼（中山东一路 27 号大楼）系 1922 年在"老怡和洋行"原址再次翻建而成。大楼端庄典雅、布局完整、用材考究、装修精美，其面向黄浦江侧的建筑面宽长达 50 余米，因而在整个外滩建筑群中雄居第二，足显洋行当时的身份和财力。

怡和洋行大楼（简称"27 号大楼"）建成之初楼高 5 层，根据史料确定其 1935—1937 年完成第六层加建；1955 年大楼产权国有后曾长期用作上海市外贸局系统办公楼（俗称"外贸大楼"），后因办公面积不足，于 1978 年获批再次加建，遂由上海市民用建筑设计院（现名华建集团上海建筑设计研究院）于 1980 年完成大楼加层设计，使之加建至八层。目前"27 号大楼"产权归属上海久事（集团）有限公司。

大楼基本建筑特征

"27 号大楼"建筑平面呈西向开口的"凹"字形；大楼主立面具有中央对称、竖向三段式设计的古典主义特征，立面一至二层由斧劈叠砌花岗岩毛石构成基座，间隔着 2 层通高的半圆拱窗序列感强烈，三至五层中央 5 开间的通高科林斯式柱廊为整个立面的视觉中心。

原建时建筑室内用料讲究、细部精美，已设有专用消防水泵、发电机、水汀锅炉和电话总机等设施设备。该建筑呈现巴洛克风格影响的新古典主义建筑风格。

1922 年的怡和洋行
资料来源：Virtual Shanghai

项目运作

    随着 20 世纪 90 年代上海市政府对外滩建筑群功能的总体定位，外滩历史建筑向金融服务和高端商业等启动了新一轮业态调整置换，城市发展和建筑保护汇聚了更多的社会力量，也为建筑遗产保护和再利用创造了新的历史机遇。

    上海久事公司于 2006 年出资对"27 号大楼"实施全面保护修缮，包括总体及建筑外墙屋面整治维护、保护前提下的结构加固、建筑重点保护部位及公共部位的保护装修、消防及机电系统全面更新改造等。

    通过市场运作，罗斯福中国投资基金旗下罗斯福商业（上海）有限公司整体租赁、投资管理大楼商业经营活动。2009—2011 年完成一、二、三、八、九（即屋面）层室内装修，之后又陆续完成其余楼层装修，大楼由此从原办公功能变身为集购物、休闲餐饮及办公于一体的商办综合楼。

项目策略

坚持"真实完整"的修缮原则

    文物建筑是城市宝贵的文化和物质财富，整体修缮前通过历史资料查证收集，建筑现场勘查分析，掌握建筑历史、文化和使用变更等准确信息，让修缮设计真实有据。

慎重恢复东立面顶部天际线

    因大楼经历两次历史加层，致使面向外滩立面的建筑顶部天际线与初建时原貌变化甚大。经史料佐证、专题论证、专项审批后明确按 20 世纪 30 年代第一次加层后风貌作修缮依据，基本恢复女儿墙、旗杆基座等建筑原有天际线风貌。

1. 通高 3 层的柱廊，邱致远摄

2. 建筑细部，设计单位提供

1

2

有据复原主入口门厅原空间

经佐证 1920 年版历史图纸，确认修缮前门厅与楼电梯厅间的木框玻璃门并非"27 号大楼"历史原物；通过对其保留价值、门厅空间流线等综合分析，本期设计拆除该处后加的木门，完整还原了主入口门厅大气典雅的建筑空间原貌。

精心保护建筑重点特色细部

按照建筑保护重点及使用功能要求，整体、精心保留修缮了"27 号大楼"室内最具价值、装修精美的原三层贵宾厅，以及尚存的部分马赛克地坪、木装饰门套和木护壁隔断等建筑特色细部，保护原有建筑特色和历史文化信息。

重现主入口壁灯历史风貌

"27 号大楼"主入口两侧花岗岩墙面上，原有整个外滩建筑群中唯一一对高约 2 米、庄重气派的硕大壁灯，后因年久失修仅存灯座及两盏比例极不相称的后加小灯。本次修缮通过原历史灯具与外墙石材尺寸关系的分析后作壁灯复原设计，重现"27 号大楼"原有风采。

执行"可逆、可识别"的修缮理念

文物建筑修缮根据活化利用所需的必要改动添加，宜不干预原有结构体系、保持一定的可识别性、满足日后必要时的拆除复原，确保文物本体完好保存。

修缮后的东立面顶部，陈伯熔摄

新增电梯提升功能

因新功能需求，本次设计通过流线、视线分析后选择大楼背面两阴角部位，以最小干预和脱开大楼原结构方式，可逆性地加建了两台全钢结构＋玻璃体井道垂直电梯，有效提升了大楼的使用品质。新增电梯材料通透且色彩明显区别于原建筑外墙，形成不同年代建筑语言的和谐共存与对话。

更换具可识别性的主楼梯栏杆

大楼主楼梯一至六层原存金属栏杆图案精美、保存良好，而 20 世纪 80 年代加建的七、八层栏杆却差异甚大。本次设计采用原材料，将栏杆的三维立体植物图案简化为二维平面图案方式，重新制作更换七、八层栏杆，使主楼梯栏杆在形式风格统一中存有细微的可识别性。

贯彻"最低限度干预"的修缮原则

贯彻对文物建筑"最低限度干预"原则，是对文物建筑尊重、敬畏的态度。以现今的理念、技术和材料等，做到最小干预兼顾保护利用，使修缮实施中的干扰影响降到最低的限度。

1. 大楼壁灯历史照片
资料来源：Virtual Shanghai

2. 修缮复原后主入口壁灯，
邱致远摄

3. 修缮前原壁灯座及后加灯具，
邱致远摄

4. 大楼主楼梯，陈伯熔摄

5. 原栏杆三维图案，邱致远摄

6. 修缮替换后的二维栏杆图案，
邱致远摄

1. 修缮后外立面细部，邱致远摄

2. 修缮后屋面露台，邱致远摄

3. 还原后的主入口门厅空间，陈伯熔摄

1. 修缮后的原三层中央贵宾厅，陈伯熔摄

2. 修缮后室内实景，陈伯熔、邱致远摄

1

2

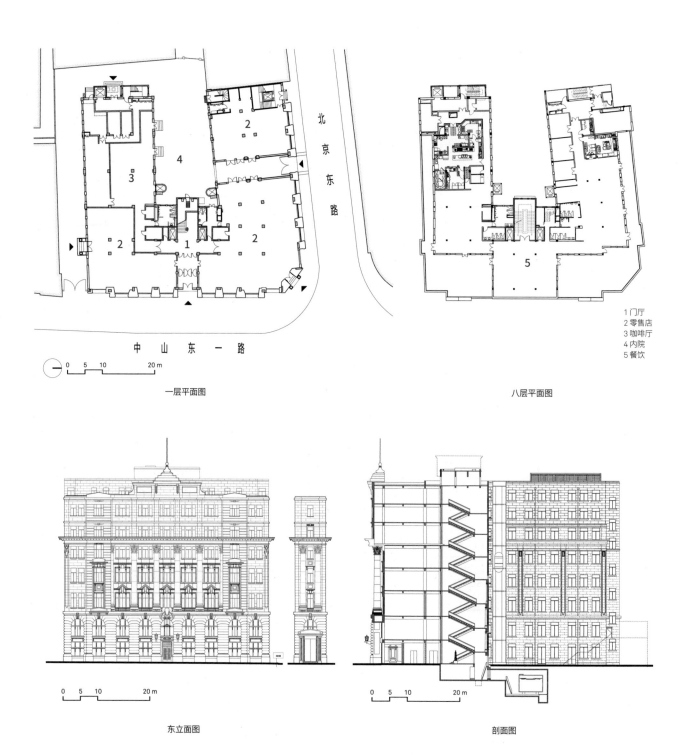

北 京 东 路

中 山 东 一 路

0   5   10   20 m

一层平面图

八层平面图

1 门厅
2 零售店
3 咖啡厅
4 内院
5 餐饮

0   5   10   20 m

东立面图

0   5   10   20 m

剖面图

楼梯增加消防疏散功能

主楼梯间是建筑重要保护部位，但因其为半开敞式楼梯间而不能满足现行消防疏散要求。本期设计通过增设通透的防火玻璃门及顶层平顶正压送风等，在完整保护重点空间特色装修前提下满足了楼梯间的消防疏散要求，提升了大楼的消防安全性能。

将重荷载置于"大楼"本体之外

对本次修缮中必须新增的重荷载设备（包括两台 1250kVA 变压器、一座 26 吨水池），通过协调安置在"27 号大楼"本体之外的室外等空间中，有效降低局部新增重荷载对文物建筑本体的不利影响。

公共开放

"27 号大楼"自 2010 年 9 月 12 日三层会所剪彩开业后，已陆续完成各层装修。目前 一、二、八层及九层（即屋面层）为开放的商业餐饮服务空间，三层为罗斯福会所，四、五、七层为办公空间，六层为面向社会开放的上海久事美术馆。历经近百年的历史老楼，正以新的形象和业态服务于市民和社会。

建筑师感言

唐玉恩

临北京东路的怡和洋行大楼在外滩建筑群中有着重要地位，它的东、北立面全部采用花岗石面材，其以斧劈毛石砌筑二层高带连续拱窗的基座，厚实稳重，显示非同一般的实力和建筑手法。
怡和洋行大楼的保护修缮，坚持原则、严格保护、精心修缮各重点保护部位，原杂乱的内庭院整治后成为舒适的室外空间，因原功能从办公建筑改为综合商业建筑，人流增加，故在庭院侧最小干预的窗位置，增设了两台具有可逆性的独立透明钢结构电梯井道。设计还搜集史料，对恢复主入口二侧的壁灯和石拱门洞中央被破坏的洋行标志拱心石作了多稿图纸研究和木制试样，后经多方讨论，按试样复制安装壁灯，而标志拱心石则维持现状，让它保留曾经的真实历史。

邱致远

文物建筑是凝固的历史，是城市历史变迁和文化传承的重要载体。随着上海城市快速发展，留住乡愁和城市遗产愈为社会公众关注热议。本人幸得公司给予的平台，曾先后参与外滩汇丰、中银、怡和洋行等国家级文物保护单位及多项文物、优秀历史项目修缮工作，能有机会为历史建筑延年益寿、活化利用提供智慧和绵薄之力，倍觉感慨欣慰，愿从专业上为建筑遗产保护继续努力探索。

开放指南
上海久事美术馆
开放时间：10：00—16：30（16：00 停止入馆），周一闭馆，扫码预约观众可优先进场。
公共交通：地铁 2、10 号线（南京东路站）、公交 20、33、37、49、55、123、145 路等。

参考文献
[1] 郑时龄 . 上海近代建筑风格 [M]. 上海：上海教育出版社，1995.
[2] 华东建筑集团股份有限公司 . 共同的遗产 2[M]. 北京：中国建筑工业出版社，2021.

总平面图

历史地图
资料来源：《老上海百业指南》

项目地址：黄浦区中山东一路 28 号
保护级别：全国重点文物保护单位（1996 年公布）

建成年代：1922 年
初建功能：办公
原设计人：公和洋行

项目时间：2012 —2013 年
建筑面积：12 685 m²
现状功能：办公
建设单位：上海清算所
设计单位：华建集团历史建筑保护设计院
　　　　　华建集团上海建筑设计研究院有限公司
施工单位：上海建筑装饰（集团）有限公司
监理单位：上海协同工程咨询有限公司

上海清算所
Shanghai Clearing House

格林邮船大楼
The former Glen Line Building

历史变迁

大楼新建

1901 年，由英商麦格雷戈兄弟创办了怡泰洋行（McGregor Bros & Gow），早期办公地点在广东路 5 号。后来，该公司承揽了英国格林轮船公司在华代理权，于是将公司英文名改为（Glen Line Eastern Agencies Ltd.），也称格林邮船公司。

1917 年第一次世界大战，中国对德宣战，本地块原主人德国公司禅臣洋行撤离，怡泰洋行买下了禅臣洋行两层旧楼并于 1920 年拆除旧楼新建大楼。

怡泰公司聘请了公和洋行设计了格林邮船大楼，新楼于 1922 年竣工。该地块东西狭长，主入口位于北京东路 2 号，东入口为中山东一路 28 号。整个建筑东区为格林邮船公司自用，西区办公空间对外出租。

建筑特征

建筑原为东高西低，因其东部临外滩面较窄仅有 20 米，东西方向则长达 70 米，加之业主为邮船公司，公和洋行在设计时即将"一艘自西向东航行的邮船"的概念运用于其外形，东侧的屋顶塔楼象征邮船的指挥塔，因此塔楼也成了整个建筑造型的重点。北京东路转外滩这一重要的道路转角，立面中段设计了有顶凸廊，延续立面，丰富有力。

大楼在整体中心对称以及三段式等新古典主义的基调下，另有巴洛克式山花、意大利文艺复兴风格的立面悬挑空间、装饰艺术风格的室内墙裙等多种风格和谐交融；同时，在六层的东北角房间室内有 5 幅主题木雕等细部装饰，反映出邮船公司对于世界文化大交融的理想。

使用变迁

1941 年，"太平洋战争"爆发后，格林公司被日本接管，底层由日本横滨正金银行使用。

第二次世界大战后，格林公司收回了大楼，但因无法恢复航运业务，将部分大楼租借给美国海军和美国联合通讯社（简称美联社）。美联社在大楼内安装了大功率通讯广播设备，为后续大楼作为广播电台使用奠定了基础。

1949 年后，上海人民广播电台使用该楼长达四十余年，陆续在楼顶增设了通讯塔台等设施，这里拥有 9 套广播业务用房、16 个大小不等的播音室，所以这栋楼一直被称为"广播大楼"。1996 年，大楼改作上海市文化广播影视管理局、上海文化广播影视集团办公使用。

项目运作

2009 年，作为主动应对国际金融危机、加快金融市场改革和创新发展的重要举措，经财政部、中国人民银行批准成立专业清算机构"银行间市场清算所股份有限公司"，选址上海，并将临时办公地点设于中山南路。

此后，经慎重比选和多方考量后，决定选择外滩 28 号格林邮船大楼作为永久办公地点。2011 年 4 月，上海市文化广播影视集团与上海市黄浦区人民政府，上海市黄浦区人民政府与上海清算所分别签订使用权转让协议。6 月上海清算所正式接收外滩 28 号。

1

2

3

4

项目策略

项目范围主要包括总体环境整治、建筑立面及室内重点保护部位的保护修缮，以及满足新的功能需求的建筑改造和室内设计。

恢复东入口，展示精美柱式

从历史图纸与 20 世纪 50 年代历史照片分析，东入口原为半室外的门廊空间，有两根花岗岩石柱。建筑东厅入口门廊空间后期被封堵，本次修缮设计按照历史图纸对门斗及金属转门进行了复原。此外，由于外滩人行道标高逐年升高，原东厅入口处爱奥尼柱柱础已埋入地坪下，本次修缮通过外移人行道台阶得以完整复原原入口立柱和柱础。

完整保护、恢复南门厅的历史风貌

完整保护天花及梁的花饰，并对南门厅后期改造的墙面、地坪等按历史样式进行复原设计，选取优质石材重新铺设墙面及地面。木门套现状为后期改造，依据历史图纸剖面图与一层的现存门套，对门厅通往东西两侧走廊的木门及木门套进行复原设计。南门厅立柱柱头为历史原物，保留修缮原柱头，参照一层柱子的柱身样式及历史图纸等，新做石材柱础，复原柱式。

恢复主楼梯原彩釉面砖墙裙

保存尚好的主楼梯天花装饰线脚、铸铁镂空栏杆、木质扶手等历史原物得到了精心的保护与修缮。当拆除现状楼梯木护壁后，发现内面留存的原产地英格兰的 20 世纪 20 年代米黄色釉面砖配搭深绿色腰线釉面砖，腰线图案呈现明显的 Art Deco 风格，清新典雅，独具一格。经清点，米黄色釉面砖留存约 9400 块，转角件约 18 件，腰线约 290 片，施工时将原有墙裙釉面砖小心剥离，将保存完好的面砖按原拼饰集中重新铺砌于底层到一层楼梯间，保证原物得到最好的保护和利用，并恢复南门厅历史风貌。

完整保护六层 601 房间

601 房间是这栋建筑保存下来最精美的房间。木墙裙到顶，木墙裙和壁炉中间留存 5 幅精美的木雕，代表了当时格林邮船公司的标志和业务到达的范围。保护修缮后该房间将作为贵宾接待室使用。

1. 1922 年历史照片
资料来源：《远东评论》

2. 1922 年历史照片
资料来源：《上海：1842—2010 一座伟大城市的肖像》

3. 浦江之声广播电台对外广播，
上海广播电视志提供

4. 上海东方广播电台揭牌
资料来源：《上海广播电视志》

5. 大楼修缮前东入口，邹勋摄

6. 大楼修缮后东入口，邹勋摄

5

6

墙面木墙裙为历史原物，后期曾被改漆成白色，修缮保留现状，恢复原有柚木的本色。

结合功能要求保护展示原室内装饰

六层公共走道的木窗套与彩色压花玻璃窗系历史原物，原位置保护修缮窗套及彩色玻璃窗。天花现状为后期改造，重新设计了天花及线脚，布置了灯具。

在各个非重点保护房间内，将精美的梁饰天花、装饰柱式作为重点元素予以保护。新的室内天花造型及灯光设计结合新增的设备管线设施，将新的室内空间感觉和传统经典空间元素融合一体。

根据新功能合理规划分区

保留现状南入口为办公主入口，保留现状东入口为贵宾出入口，保留建筑北侧中部为疏散出口。恢复沿北京东路的西侧次入口。

根据使用需求，优化大楼功能分区。本次设计将贵宾接待区设置于底层及六层东侧，方便贵宾到达同时拥有最佳景观视线。高管办公区集中设置于五层，减少来自其他区域的干扰。增加的厨房及食堂区域位于五层西侧。后勤服务区设置于建筑中部，靠近后勤货梯出入口。

结构、设备提升建筑安全及舒适性

本次修缮对大楼进行了结构加固，加固后结构安全及抗震性能在原有基础上有所提高，同时又不改变建筑物的原有结构体系。

大楼室内主风管沿走道方向设置，位于主梁下方，避免破坏原平顶装饰。次风管利用主梁与气窗之间的侧墙空隙设置进出风口，避免破坏原平顶装饰。

5 幅主题木雕，刘寄珂摄

1. 修缮后大楼东门厅，胡文杰摄

2. 修缮后大楼底层接待室，胡文杰摄

1

2

1

1. 大楼修缮后南门厅, 胡文杰摄

2. 大楼修缮后主楼梯, 胡文杰摄

3. 大楼修缮后电梯, 胡文杰摄

4. 大楼修缮后六层走廊, 胡文杰摄

2

3

4

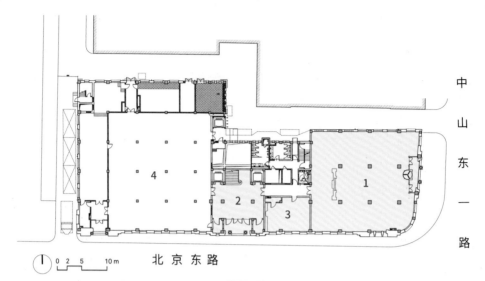

中山东一路

北京东路

底层平面图

六层平面图

1 东门厅
2 南门厅
3 接待展示室
4 数据机房
5 贵宾接待室（601 房间）
6 贵宾接待室
7 贵宾会议室
8 食堂

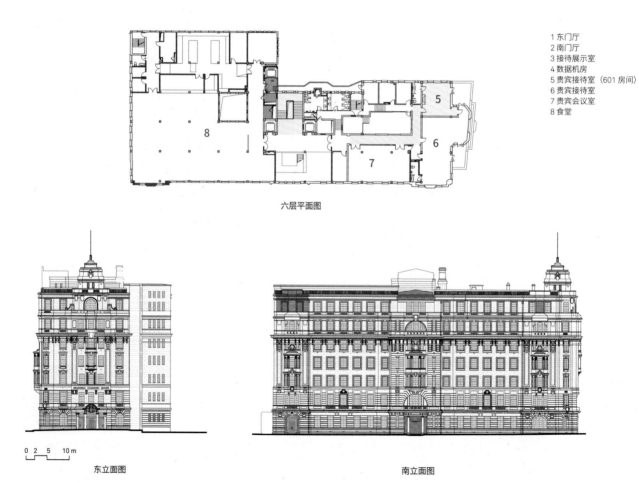

东立面图

南立面图

1

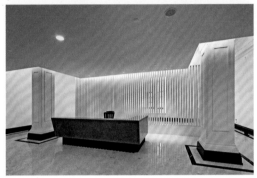

2

3

1. 大楼修缮后休息区，胡文杰摄

2. 大楼修缮后前台区，胡文杰摄

3. 大楼修缮后 601 房间，胡文杰摄

在文物保护的原则下，设计参照执行现行规范，对大楼的防火分区进行划分，并在相应部位增设防火门，另增加消防电梯，利用室外凹廊作为前室，使大楼的消防水平得到提升。

公共开放

大楼修缮改造工程于 2013 年竣工，并交付上海清算所使用。

在 2016 年 2 月二十国集团（G20）上海财长和央行行长召开会议时作为中国央行接待世界主要银行高管的场所，大楼的保护设计亦得到宾主的一致好评。

建筑师感言

邹勋

格林邮船大楼在修缮前，正是上海市文物局办公所在地。根据市政府的外滩金融街建设设想，市府机关从楼内迁出，功能调整为中国人民银行下属负责银行间清算重要金融职能的上海清算所，是文物建筑合理利用的一个典型案例。作为外滩中的高层文物建筑，合理设置功能，恢复原特色空间，恢复原面向外滩的出入口及其柱式细部，并满足了使用的需求，这些是建筑师在设计过程中的重点，也是其获得全国优秀文物保护工程奖（原十佳文物保护工程奖）的原因所在。

参考文献

[1] 郑时龄. 上海近代建筑风格 [M]. 上海：上海教育出版社，1995.

[2] 上海清算所. 外滩 28 号.（未出版）

[3] 华东建筑集团股份有限公司. 共同的遗产 2[M]. 北京：中国建筑工业出版社，2021.

文物建筑：

原英国领事馆	中山东一路 33 号	全国重点文物保护单位（1996 年公布）	外滩源 33
沙弥大楼（哈密大楼）	圆明园路 149 号	黄浦区文物保护点（2016 年公布）	洛克·外滩源
美丰洋行旧址	北京东路 100—114 号	黄浦区文物保护点（2017 年公布）	洛克·外滩源

优秀历史建筑：

光陆大戏院	虎丘路 146 号	1999 年公布	洛克·外滩源	安培洋行	圆明园路 97 号	1999 年公布	洛克·外滩源
广学大楼	虎丘路 128 号	1999 年公布	洛克·外滩源	益丰洋行大楼	北京东路 31—91 号	1999 年公布	益丰·外滩源
真光大楼	圆明园路 209 号	1999 年公布	洛克·外滩源	中实大楼	北京东路 130 号	2015 年公布	洛克·外滩源
兰心大楼	圆明园路 185 号	1999 年公布	洛克·外滩源	协进大楼	圆明园路 169 号	2015 年公布	洛克·外滩源
女青年会大楼	圆明园路 133 号	1999 年公布	洛克·外滩源	圆明园公寓	圆明园路 115 号	2015 年公布	洛克·外滩源
亚洲文会大楼	虎丘路 20 号	1999 年公布	洛克·外滩源				

卫星图

历史地图
资料来源：《老上海百业指南》

项目地址：黄中山东一路—虎丘路—北京东路—苏州河
以南区域

项目时间：2002—2012 年
占地面积：约 9.7hm²
现状功能：商业、文化、办公、酒店、公寓等
建设单位：上海新黄浦（集团）有限责任公司
设计单位：华建集团华东都市建筑设计研究总院
华建集团历史建筑保护设计院
华建集团上海现代工程建设咨询公司
上海章明建筑设计事务所（有限合伙）
戴卫奇普菲尔德建筑方案咨询（上海）有
限公司等

外滩源（一期）
WAITANYUAN (1st Phase)

原英国领事馆及周边历史建筑群
The former British Consulate and the surrounding historical buildings

历史变迁

英国领事馆的建成

"外滩源"区域位于苏州河与黄浦江交汇点的黄浦滩头，地理位置优越。一方面，水陆交通便利，有利于商贸；另一方面，可停泊船舰，有利于防御。

上海开埠后，这块土地被英国驻上海第一任领事巴富尔选中，1846年，他租下了这块原名李家庄的土地用于建造新的英国领事馆（原领事馆位于老城厢西姚家弄顾氏住宅"敦春堂"），1849年，英领馆正式迁入。

1852年，英领馆曾翻造过一次；1870年，毁于大火；1872年，在原址上重新建造。即我们如今所见到的原英国领事馆建筑。这是一幢殖民地外廊式风格的建筑，受维多利亚女王时期建筑风格的影响，具有券廊式的特征。建筑由英国人格罗斯曼和博伊斯设计，楼高2层，外立面原为清水砖，屋面为蝴蝶瓦，是上海近代非教堂建筑中较早采用清水砖的实例。

地块发展变迁

英国领事馆的建成带动了外滩源地块的发展，至19世纪60年代，地块中出现了名为"巴富尔楼"的建筑群，居民主要为英国和其他国家的外交人员及处理国际诉讼的高级律师。今虎丘路彼时填河而成，称为上圆明园路，今圆明园路为下圆明园路。1898年前后，更名为圆明园东路和圆明园西路。

1858年，亚洲文会在上海成立，1874年，经多方努力建立官舍亚洲文会博物院，因陈列展品多为稀有动物标本、化石，少有中国历史文物，故名上海自然历史博物院。圆明园西路因此改名为博物院路。1867年，兰心大戏院建成于今香港路圆明园路地块，1871年，火灾烧毁，1874年，重建。

1885年，新天安堂落成，这是一座近代哥特式的砖木结构基督教教堂，呈现英国乡村建筑风格，是英国侨民的宗教活动场所。该地块的宗教建筑还有建于1931年的犹太教会堂阿哈龙会堂，1985年，因新建文汇大厦拆除。

至20世纪初，外滩源一期地块划分已基本与今日接近。美丰洋行、安培洋行、圆明园公寓先后建成。香港路也贯通至博物院路。

20 世纪 20 年代，女青年会大楼、沙弥大楼、协进大楼、兰心大楼、中实大楼建成。20 世纪 30 年代，兰心大戏院因年久失修拆除，真光大楼、广学大楼、光陆大戏院建成，亚洲文会博物院翻建新楼。

多元并存的繁荣社区

外滩源地块以英国领事馆的建成为发展源头，逐渐成为一个集文化、娱乐、宗教、商贸办公为一体的综合社区。

亚洲文会博物院和图书馆的建立为区域带来了文化气息，并随之集中了 6 家图书馆和《文汇报》等公共文化。

兰心大戏院则是当时唯一的一座西人经营的西洋式豪华剧院。其后建立的光陆大戏院是上海较早的专业电影院，专映派拉蒙影业公司的影片。先后至少有 8 家电影公司进驻该大楼。

外滩源区域还是上海近代各类宗教机构的驻扎地，据不完全统计多达 30 家，主要集中于女青年会大楼、协进大楼、真光大楼、广学大楼等建筑。

此外，该地块内还汇聚了中国实业银行等银行机构，以及律师事务所、医师事务所、会计事务所等服务性行业机构。

参与外滩源地块内建筑设计的单位，主要为公和洋行、通和洋行和马海洋行，著名建筑师有邬达克和李锦沛等，其中通和洋行、邬达克等也将自己的办公地点设于外滩源地块内。

1. 原英国领事馆及领事官邸历史照片
资料来源：Visual Shanghai

2. 原英国领事馆及周边地区鸟瞰历史照片
资料来源：Visual Shanghai

3. 光陆大戏院、新天安堂沿苏州河历史照片
资料来源：Visual Shanghai

1

2

3

项目运作

外滩源项目由新黄浦集团（现为外滩投资开发集团下属企业）承担总体开发职能，统一组织实施项目的前期开发和大市政配套工作，并在政府主导下，引进外资参与项目投资，协调推进项目建设。

外滩源一期包括 4 个子项目和 1 个配套项目：

外滩源 33，位于黄浦江与苏州河交汇处，是整个外滩源的核心项目。由原英国领事馆及领事官邸、原联合教堂、教会公寓、原划船俱乐部等 5 幢建筑和公共绿地、地下空间、亲水平台等共同组成。

益丰·外滩源，由优秀历史建筑益丰洋行大楼与其南侧拆除旧建筑改造而成的新楼相连组成。定位为集商业零售、餐饮和休闲娱乐等功能为一体的购物中心，

洛克·外滩源，位于黄浦区 174 街坊，由圆明园路、南苏州路、虎丘路、北京东路四条道路围合而成。该子项联合美国洛克菲勒国际集团成立上海洛克菲勒集团外滩源综合开发公司投资完成，包括 7 幢优秀历史建筑、4 幢保留建筑（其中 1 幢后续公布为黄浦区文物保护点，3 幢后续公布为优秀历史建筑）、1 幢保留扩建建筑（后续公布为黄浦区文物保护点）和 5 幢新建筑，建成后为集商业、办公、文化、酒店、公寓及公共广场为一体的综合功能区。

另有新建项目"上海半岛酒店"及配套项目"大市政及环境景观配套"。

项目策略

外滩源一期建设范围处于全国重点文物保护单位"外滩建筑群"建设控制范围内。现有全国重点文物保护单位 1 处、文物保护点 2 处，上海市优秀历史建筑 10 处。

外滩源项目以"重现风貌，重塑功能"为目标，旨在将外滩源区域打造成深厚历史文化与现代人文底蕴高度融合的国际化顶级高尚品牌社区。

外滩源地区改造前，沈晓明提供

外滩源 33

总体环境整治

后期加建及违章建筑全部予以拆除，大幅降低建筑容积率和覆盖率，保护和保留了街道空间格局的历史风貌。

对地块内的 27 棵古树名木原位保留保护并恢复了原英国领事馆初建时的大片绿地，形成大面积的城市绿化空间，并与苏州河滨水绿地形成整体性的公共绿化带。

原英国领事馆及领事官邸修缮更新

所有立面恢复历史原状，拆除后加窗户，还原外廊；保护修缮原英国领事馆右侧主楼内花岗石楼梯，及西入口的花岗石楼梯；保护修缮原领事官邸木楼梯；室内恢复历史空间格局，主要走廊空间予以保留和修复，原英领馆二层西侧法庭空间予以恢复。

修缮特色内部装饰：历史原状的走廊地砖、壁柱花饰、石膏天花、壁炉、门窗套等。

适应现代化使用功能，增设电梯，完善空调、消防、节能等设备设施，同时在不破坏历史风貌的前提下进行必要的结构加固。

地下空间建设

出于区域环境整治、停车配套、公共建筑附属设施等多方面需要，在确保文物建筑安全性的前提下新建地下室，以更好地实现地上空间的功能重塑。

益丰 · 外滩源

恢复外立面历史风貌

重点保护沿街北、西立面，部分保留南立面外墙；复原孟莎式折坡瓦屋面及山花；对清水红砖墙进行整体保护和加固；对线脚、花饰、拱心石等细部进行保护修缮和修补。

修缮后的原英国领事馆及领事官邸，邹勋摄

1. 原英国领事馆修缮后立面，华
建集团提供

2. 原英国领事馆修缮后室内，华
建集团提供

3. 益丰外滩源建筑立面新旧对
比，华建集团提供

1

2

3

1. 益丰大楼修缮后立面，华建集团提供

2. 修缮改造后的圆明园路，沈晓明提供

新旧融合的更新提升和扩建设计

原有单元式小空间经结构体系置换后，变为灵活的商业大空间。内部改建尽可能不破坏原有基础，减少对外墙重点保护部位的搭接。老楼原外墙于新楼以垂直共享空间相连。

洛克 · 外滩源

保留不同时期的建筑立面风貌特征

洛克·外滩源的历史建筑涵盖多个不同的历史时期，其立面建筑风格也体现了不同时期的建筑风貌。有维多利亚时期建筑风格的安培洋行和圆明园公寓，有折衷主义建筑风格的中实大楼、沙弥大楼、协进大楼、兰新大楼，有体现中西合璧建筑风格的亚洲文会大楼和女青年会大楼，有装饰艺术风格的真光大楼和广学大楼……这些建筑立面均被精心保护和修缮。

室内空间特征各放异彩

历史建筑各具特色的室内重点保护部位均被精心保护的修缮，包括特色空间格局和装饰细部等。如协进大楼、中实大楼、沙弥大楼、光陆大楼等建筑的楼电梯厅，圆明园公寓的木楼梯，亚洲文会大楼、女青年会大楼的中国传统彩画和装饰细部等。

1

2

公共开放

外滩源 33 项目于 2010 年先后完成修缮和建设并投入使用，其中原英国领事馆修缮后作为金融家俱乐部，是外滩金融集聚带的重要配套设施，由香港半岛酒店组建专业团队提供管理服务。原英领馆领事官邸对外租赁，成为"百达翡丽"远东地区旗舰店。原联合教堂自 2012 年 5 月起，由对外出租转为自主经营，成为高雅艺术演出、艺术品展示和高端品牌发布的理想场所。

益丰·外滩源于 2012 年 5 月正式开业，是外滩地区现有体量最大的单体商业建筑。一批高品位的国际零售和餐饮商家相继入驻，其中既有在国内已经成熟的一线品牌概念店，更有首次进入中国的国际知名品牌。

2010 年，由亚洲文会大楼改造而成的上海外滩美术馆正式开馆，成为 11 栋保护保留的历史建筑中率先和公众见面的建筑，以独特的精品美术馆定位举办国际性展览及活动，成为上海日益拓展的艺术版图中的一个亮点。此后其余历史建筑也相继完成修缮并开放。

洛克·外滩源建筑修缮后室内，沈晓明提供

参考文献

[1] 上海章明建筑设计事务所 . 上海外滩源历史建筑（一期）[M]. 上海：上海远东出版社，2007.

[2] 周虹 . 重现风貌，重塑功能——外滩源 33# 项目规划及历史建筑保护修缮设计 [J]. 工业建筑，
2013，43(增刊)：46-52.

[3] 沈晓明 .2006—2010 上海市黄浦区外滩源 174 街坊历史建筑保护和修缮。

[4] 华东建筑集团股份有限公司 . 共同的遗产 2[M]. 北京：中国建筑工业出版社，2021.

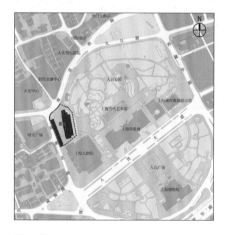

总平面图

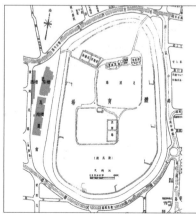

历史地图
资料来源：《老上海百业指南》

项目地址：黄浦区南京西路 325 号
保护级别：上海市文物保护单位 (1989 年公布)

建成年代：东楼 1933 年，西楼约 1925 年
初建功能：俱乐部
原设计师：东楼新马海洋行，西楼思九生洋行
原营造商：余洪记营造厂

项目时间：2015—2018 年
建筑面积：23 046 m²
现状功能：博物馆
建设单位：上海市历史博物馆
设计单位：华建集团上海建筑设计研究院有限公司
施工单位：上海住总集团建设发展有限公司
监理单位：上海市建设工程监理咨询有限公司

上海市历史博物馆（上海革命历史博物馆）
Shanghai History Museum (Shanghai Revolution Museum)

跑马总会
The former Shanghai Race Club

历史变迁

跑马总会的三次选址

1846 年前后，5 位在沪英国商人组织成立了上海跑马总会（Shanghai Race Club），并在今河南中路以西、南京东路以北、宁波路以南的区域，建立了第一代跑马场。随着租界内的地价飞涨，1848 年跑马总会将原土地高价抛售，另在今湖北路、北海路、西藏中路和芝罘路圈内辟建第二跑马场。1860 年，跑马总会在今人民广场、人民公园一带购地开辟第三跑马场，俗称"跑马厅"。场内有草地跑道和硬跑道两个跑圈，在跑道中间尚有 430 亩土地（28.67 公顷），随后在此开辟公共运动场，内有游泳池、高尔夫球、棒球、网球、足球场地等。

跑马总会建筑群

从第一跑马场到第三跑马场，起先都规定不向中国人开放，1909 年中国人才被允许买票进场参与赌马。由于中国人多，跑马总会自此获利惊人。1919 年决定重建看台、办公楼和钟楼。大约在 1925 年，新看台（南楼）、办公楼（西楼）先后落成。1933 年总会又拿出 200 万两银子，在跑马厅的西北角建造一幢大楼，即现在的东楼，成立高级俱乐部，供跑马总会会员享乐。建筑由大楼主体和其东侧的看台两个部分组成，共 5 层，一、二层之间另设夹层，建筑面积约 2 万平方米。立面构图上具有新古典主义的特点，总体风格简洁、庄重而典雅；细部处理细腻精到，体现出多种风格的融合，使大楼带有折衷主义的特点。钟楼高耸于建筑北端，四面直径 3.3 米大钟成为这一区域的标志。

跑马总会采取会员制，会员和来宾设有各自独立的流线和功能区，互不干扰。大楼一、二层南侧区域供来宾使用，北侧区域为会员投注、咖啡室及俱乐部，利用一层中央拱廊，自然分隔南北两个功能区。三、四层为会员包厢。五层为壁球场和供董事使用的公寓等。东、西楼之间的庭院则作为赛前围场。比赛前，马匹会在这里进行展示，观众可以通过东楼二层西侧外廊和西楼二、三层东侧阳台进行围观品评，为投注做准备。

1. 三代跑马场位置示意图，由
设计单位根据历史照片改绘
资料来源：《字林西报》1937
新春增刊寄语

2. 跑马总会 1933 年建成后东
北面照片
资料来源：《沧桑：上海房地
产 150 年》

3. 东楼建成后历史照片，上海市
历史博物馆提供

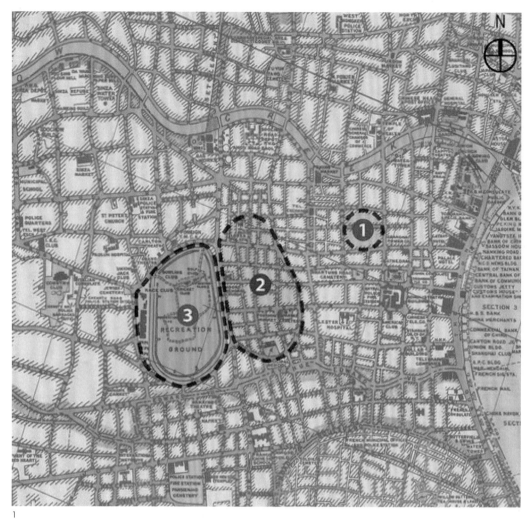

1

❶ 第一个跑马场：习称"抛球场""老花园"
❷ 第二个跑马场：习称"新花园"
❸ 第三个跑马场：习称"跑马厅"

2

3

上海城市文化生活地标

1951 年上海市政府收回跑马厅，将跑马厅改建为人民公园和人民广场。跑马总会建筑群中，南看台（南楼）作为上海市体育宫，后于 1997 年拆除，原址建上海大剧院。跑马总会大楼（东楼）和附属办公楼（西楼）则先后作为上海博物馆（1951—1959）、上海图书馆（1951—1997）、上海美术馆（2000—2012），并为配合新的使用功能进行了多次改造和加建。它见证了上海城市建设和文化生活的发展变迁，也承载了几代上海人的共同记忆。

项目运作

2015 年经市政府决策，将东楼、西楼一并作为上海市历史博物馆（上海革命历史博物馆）使用。项目包含原跑马总会东楼、西楼的修缮和改造；两楼间内庭院等总体环境整治提升，以及内庭院下方新建用于连接东、西楼的地下室及地面出入口。2018 年 3 月 26 日，经历 2 年多的改造和筹备，上海市历史博物馆（上海革命历史博物馆）正式开馆。

项目策略

尊重历史文脉，把握文物建筑价值

跑马总会建筑群是上海城市发展中在中心城区留存的近代优秀历史建筑群体，见证了城市发展的历史变迁，留存至今难能可贵，其建筑本身具有极高的历史、艺术、科学价值。东、西两楼初始建筑和室内设计水准很高，其后在 20 世纪 50、70、90 年代经历了 3 次审慎而精彩的改扩建，这些历史痕迹都要受到尊重。

开放共享的总体环境

此次改造试图营造出开放共享的城市空间，将历史建筑优雅地展现在公众视野，强化其作为博物馆功能的公共性，为人们提供活动和交流的场所。拆除原围墙与南京西路黄陂北路转角处二层商业建筑，使得南京西路直接与庭院连通。重新开放后期封闭的西楼一层敞廊，通向黄陂北路次出入口。精心策划的景观设计以及历史展品的室外陈设，也提升了庭院的空间品质。与此相呼应，东楼五层露台改造成屋顶花园。

梳理流线、重塑功能

项目启动前，东楼和西楼隶属于不同单位使用，两栋建筑功能上完全独立。此次统一作为上海市历史博物馆的展陈空间及服务空间使用，设计人员对流线进行了梳理，丰富空间层次，满足现代博物馆观展需要。

1

1.庭院及新建地下室出入口,
邵峰摄

2.上海市历史博物馆鸟瞰,褚
晓波摄

3.东楼西立面,邵峰摄

4.西楼东立面,邵峰摄

2

3

4

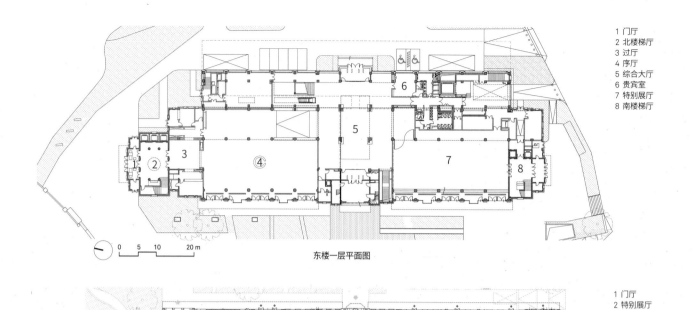

1 门厅
2 北楼梯厅
3 过厅
4 序厅
5 综合大厅
6 贵宾室
7 特别展厅
8 南楼梯厅

0 5 10 20 m

东楼一层平面图

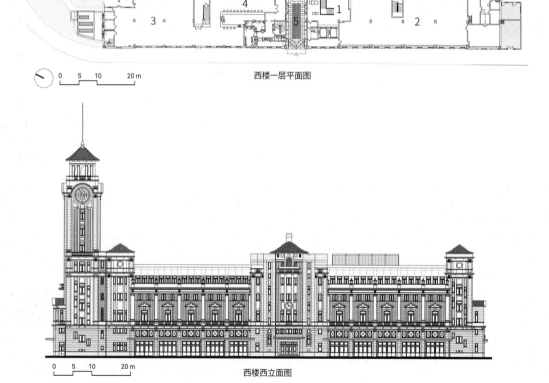

1 门厅
2 特别展厅
3 文创区
4 休闲区
5 敞廊

0 5 10 20 m

西楼一层平面图

0 5 10 20 m

西楼西立面图

0 5 10 20 m

东楼西立面图

保护优先、精心修缮、慎重改造

此次改造以尊重历史和原真性、整体性为原则，精心保护各重点部分。设计中注意历史环境再生、历史信息叠加，在可识别性的基础上增加新设计的元素。对东、西楼历史外立面进行整体保护，修缮清水砖墙、泰山砖、特色装饰及钢门窗等构件。对室内重要空间进行重点保护，对具有特色的装饰细部进行原位修缮。在东楼大楼梯空间增设自动扶梯，展示原东立面泰山砖体现新老信息叠加。保留原西楼内隔墙木装饰构件，因地制宜设计展厅空间。

恢复尘封的历史印记

在东、西楼之前的历次改造中，一些历史元素因为功能需求被隐蔽起来。这些重要的历史信息在此次工程的勘察、设计、施工过程中逐渐被发现。与最初的设计方案相比，新增保护了多处重要的保护部位。如：恢复东楼一层展厅的柱身和墙体的水刷石饰面；去除东楼二层走廊的后期遮蔽，将水刷石墙面和精美的藻井天花重新展现；将施工中发现的西楼一层原马厩地砖，清洗修缮后铺设展示于西楼敞廊出入口。

最小干预度新增地下室

为了使博物馆的参观流线更流畅，同时减少风雨等恶劣气候的影响，设计者决定在确保文物建筑安全的前提下，在东、西楼之间的庭院空间增建地下室，将两栋建筑通过地下室联系在一起。地下室出入口是南北向窄长形体量，高度与西楼阳台齐平，将对文物建筑立面的遮挡减到最小。出入口的造型通过与西楼尺度一致的虚实变化，形成节奏上的呼应，同时利用顶部与侧面的玻璃将光线引入地下，提升了地下空间的品质。

1. 修缮后西楼敞廊，邵峰摄

2. 修缮后西楼走廊，邵峰摄

1

2

1. 修缮后钟楼，邵峰摄

2. 东楼修缮后一层展厅，邵峰摄

3. 修缮后二层走廊，邵峰摄

提升建筑安全性、舒适性

对建筑现状与现行规范及使用需求相矛盾的地方进行专项设计。通过结构加固、消防、节能性能提升、增设安防设施、增设自动扶梯等方式提升建筑安全性与舒适性。

公共开放

作为上海市民文化记忆的重要地标，原跑马总会建筑群变身为上海市历史博物馆之后，继续延续着为上海市民文化生活服务的使命。东楼以基本陈列为主，由一层序厅、特展厅，二层古代上海厅，三、四层近代上海厅组成；西楼设临展厅、口述历史室、学术报告厅等公共服务区。除常设展之外，博物馆还先后推出多档原创专题展览。馆方还精心策划推出"城市文化讲坛"和"馆长讲坛"两大品牌讲座，邀请知名专家、学者向广大观众讲述并分享上海历史文化以及博物馆的故事。

1. 论坛现场，上海市历史博物馆提供

2. 展厅内参观的青少年，上海市历史博物馆提供

3. 屋顶花园举行的少儿绘画活动，上海市历史博物馆提供

建筑师感言

唐玉恩

历史博物馆所在的原跑马总会建筑群与其他环原跑马场的近代建筑组合成市中心的一个庞大的"近代建筑群"，其对上海城市的重要性不言而喻，上海城市之美多了一个层次。在这个建筑群中，跑马总会建筑处于中心位置，格外突出。

通过此次保护修缮工程，东、西楼作为群体，其中间庭院整治向向南京西路打开，形成开放共享的公共空间，提升城市空间品质，使近代建筑融汇了公共建筑的时代性，成为人们阅读上海近代建筑、理解城市历史变迁的典型案例。

邹勋

这组建筑群是上海市中心城区最重要的文化、历史建筑之一，也是1949年以来数次得到尊重、保护、改造、利用的典型案例，从中也可以看到几代使用者、设计师、手工匠人们实践着"重品质、重传承"的上海文化基因。此次改造中，一方面保护并展示这组建筑的精美，诉说上海这座历史文化名城的历史；另一方面也营造高水准的室外环境、展陈空间，显示上海国际化大都市的高度。

开放指南
开放时间：9：00—17：00（16：00停止入馆），周一闭馆。
公共交通：地铁1、2、8号线（人民广场站）11号出口。

参考文献
[1] 薛理勇. 上海洋场 [M]. 上海：上海辞书出版社，2011.
[2] 薛理勇. 旧上海租界史话 [M]. 上海：上海社会科学院出版社，2002.

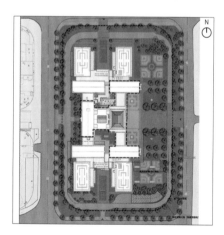

总平面图

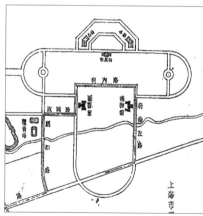

历史地图
资料来源：《上海市图书馆奠基纪念册》

项目地址：杨浦区黑山路 181 号
保护级别：上海市文物保护单位（2014 年公布）

建造年代：1934—1935 年
初建功能：图书馆
原设计人：董大酉

项目时间：2012—2018 年
建筑面积：14 152 ㎡
现状功能：图书馆
建设单位：杨浦区图书馆
设计单位：上海原构设计咨询有限公司
　　　　　上海民港国际建筑设计有限公司
施工单位：上海建筑装饰（集团）有限公司
监理单位：上海煌浦建设咨询有限公司

杨浦区图书馆
Yangpu Library

旧上海市图书馆
The former Shanghai Library

历史变迁

旧上海市图书馆的诞生

大上海计划，是民国政府为建造新上海市而制定的计划，划定上海东北方向的翔殷路以北，闸殷路以南，淞沪路以东约 7000 余亩（460 公顷）的土地为新上海市市中心区域，并建造上海市政府大厦等一些基础设施。

旧上海市图书馆位于民国时期"大上海计划"的市中心区域，与旧上海市博物馆相对，平面呈"工"字形。该建筑由董大酉设计，张裕泰合记营造厂建造，于 1934 年开工，1935 年完成。

图书馆外观取现代建筑与中国建筑的混合式样。门楼则用黄色琉璃瓦覆盖，附以华丽的装饰，其四周平台围以石栏杆，充分显示中国建筑色彩。全部建筑物系钢筋混凝土结构，外墙则用人造石砌筑，大门前设大平台种植花木，平台前两边各竖旗杆，以壮观瞻。

建筑使用变迁

由于经费原因，董大酉的设计蓝图仅完成了近一半的体量规模就投入使用，随着"淞沪抗战"及后来不断的战事纷扰，该建筑被挪作他用。抗战胜利后，大上海计划搁浅，上海市图书馆另觅新址，该建筑一直归同济中学所有，曾被当作教学楼、宿舍或体育活动室等。

1994 年 2 月，该建筑被列为第二批上海市优秀历史建筑，编号为 YP-B-004。纵使建筑已是颓垣废井，其建筑艺术和文化历史价值均受到了肯定。2004 年 2 月，该建筑被上海市杨浦区人民政府核定为上海市杨浦区文物保护单位。2014 年，该建筑与旧上海市政府大楼、江湾体育场、旧上海市博物馆及旧上海市立医院、市卫生试验所一起归并为市级文物保护单位"大上海计划"公共建筑群。

1

2

3

项目运作

为了加速构建杨浦区的公共文化服务体系，使杨浦区图书馆事业在"十二五"期间实现跨越式发展，杨浦区委、区政府决定，将旧上海市图书馆修缮扩建为杨浦区图书馆新馆。

作为杨浦百年文明的重要见证，杨浦区图书馆新馆将引领市民回眸杨浦近现代城市发展，共同展望杨浦建设"国家创新型试点城区"的宏伟蓝图。新馆将与区域内的旧市政府大厦、旧上海市博物馆等历史建筑遗产一并成为杨浦城区的历史名片，在自然环境、历史环境以及人工环境的融合中，彰显区域深厚的文化特色与魅力。

项目策略

项目包含修缮和扩建两部分工程。修缮部分主要解决：外立面修复、门楼修复、室内修复、结构加固、设备更新 5 大部分；扩建部分根据董大酉先生的设计手稿进行扩建，实现建筑师最初设计的"井"字形布局构想。

"向史而生，临湾而立"

整个修缮复扩建工程秉持"最大程度的保护和利用，最优方式的更新与再生"的设计理念，修复留存建筑，并以董大酉的设计草图为意向参考，通过对建筑全方位的考察与调研，完整展现其中国传统复兴式建筑的历史特征与建筑风貌，并顺应时代背景、区域愿景，考虑现状环境条件及分期建设需要，在有限的空间内达成杨浦区图书馆在新时代的功能定位。

修复立面还原历史原貌

外墙上的门窗原为钢门框架，大部分已在同济中学七八十年代大修时被替换。通过现场勘察与老照片对比发现，仅通往屋面的四跑楼梯上的透气窗及一层的八角窗是原始遗留，但已经严重锈蚀。其余遗失的外窗，按原样进行定制更换五金件。

对于外墙，根据房屋检测结果，约三分之一的挂板出现了不同程度的铁胀、露筋、钢筋腐蚀、面层剥落、霉变、断裂、空鼓等损坏现象。将原混凝土挂板替换。

细节修复重焕生机

图书馆立面中央的门楼是整幢建筑的视觉中心，采用钢筋混凝土结构，用黄色琉璃瓦盖顶。门楼的琉璃瓦、装饰、斗拱、椽子、彩画等都是修复的重点。

门楼的整个修复过程自上而下，先完成上屋檐，再完成下屋檐修缮。

室内空间以一、二楼门厅为重点修复部位，尽可能恢复原有踢脚、柱子、墙面、梁枋彩画及天花彩画等特色装饰。

1. 修缮前门楼彩画，设计单位提供

2. 修缮后门楼彩画，设计单位提供

3. 修缮前屋顶琉璃瓦，设计单位提供

4. 修缮后屋顶琉璃瓦，设计单位提供

1

2

3

4

根据历史资料、现场踏勘的判断,修复需要符合大楼建筑风格及文化内涵的延展性,避免近代建筑、现代化装修的差距加大。在风格、材料、工艺设计处理上,对诸如水磨石地坪、马赛克楼梯、天花彩绘等,均尽力恢复原有特色。非重点保护部位房间的装修,将努力发掘建筑内在的文物内涵,丰富并完善大楼的文物风格。在风格、色调上参照重点保护部位,进行协调性延伸处理。

　　结构修缮通过采取相当的结构技术措施,在不改变现有建筑结构体系的前提之下,对其实施相应的结构加固。在现有基础上,提高建筑的整体抗震能力,防止扩建部分对老建筑产生附加沉降。

　　整个修缮过程,在恢复整体建筑空间格局的前提下,应现代化需求对建筑设备整体更新升级。

新旧建筑的融合

　　扩建部分的设计贯彻"协调"与"可识别"两大原则,即扩建部分在建筑立面和形体关系上与老建筑保持协调,延续老建筑的形式、高度、比例,而新旧部分在外立面的材质、门窗、细部上则有其可识别性。

　　杨浦区图书馆的扩建部分毗邻历史建筑的南北两侧,形成四翼,地下一层,地上二层,局部三层。整个扩建面积为 10 192 平方米,工程完成后,杨浦区图书馆新馆的总建筑面积将达到 14 152 平方米。

修缮后东立面,潘爽提供

1. 杨浦区图书馆修缮后门楼，潘爽提供

2. 扩建部分入口，潘爽提供

3. 修缮后墙面，刘锡麟提供

4. 扩建部分立面，潘爽提供

5. 修缮后东入口，潘爽提供

1

2

3

4

5

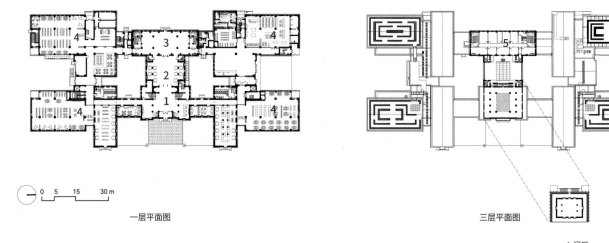

一层平面图

三层平面图

1 门厅
2 阅览区
3 展厅
4 阅览区（借阅区）
5 办公区

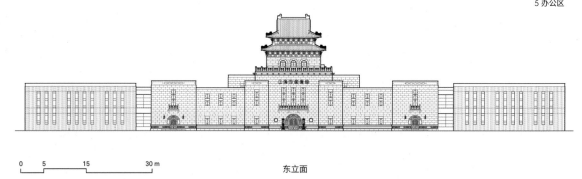

东立面

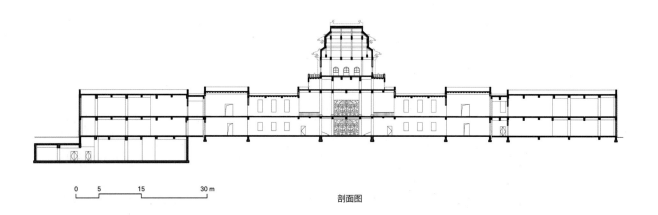

剖面图

公共开放

杨浦图书馆新馆已于 2018 年 10 月 1 日重新开放。这座尘封了八十载的老建筑重新回到市民的生活中。

杨浦区图书馆新馆建设秉承杨浦"三个百年"主题特色，向以"知识、学习、交流"三大中心为特征的第三代图书馆发展，从空间设计、文化内涵、功能布局等方面进行再造，规划了文献借阅、数字服务、展览展示、主题活动 4 个基本功能区。在不同区域内，按照实际的业务项目需求，开辟相应的服务空间，同时为多种活动的交叉、融合预留了各种可能。

杨浦区图书馆新馆承载着丰厚的历史，以物质性的存在，唤醒人们对图书馆的空间感知和归属感，并创造新的城市文化空间，是城市公共文化生活新的标志性场所。

1. 修缮后楼梯，设计单位提供

2. 修缮后自习室，设计单位提供

1

2

建筑师感言

劳汜荻

这个项目我和团队前前后后做了十年的时间。在这个过程中，我越来越感受到董大酉先生在里面花费的心血实在是太多了。事实上我并不是这个建筑的设计者，真正的设计师还是董大酉先生。我只是他的继承者，在帮助修复这个房子。设计过程中，我一直在想，如果董先生在的话他会怎么做，他在今天会怎么实现这个作品，所以我会尽量把自己的想法，自己的创作要求和欲望消解掉，尽量尊重原设计师的想法。我希望人们来参观的时候，感觉到这个项目不是我们设计出来的，而是它原来就是这个样子的。

开放指南

开放时间：周一至周四、周六、周日 9:00—21:00；周五 12:30—21:00。

公共交通：地铁 8 号线（翔殷路站）、10 号线（江湾体育场站）、公交 8、61、90、537、538、842、942 路等。

参考文献

[1] 伍江，王林 . 历史文化风貌区保护规划编制与管理 [M]. 上海：同济大学出版社，2007.

[2] 吴亮 . 老上海 [M]. 江苏：江苏美术出版社，1998.

[3] 于吉星 . 老明信片·建筑篇 [M]. 上海：上海画报出版社，1997.

[4] 中国现代美术全集编辑委员会 . 中国现代美术全集——建筑艺术 1[M]. 北京：中国建筑工业出版社，1998.

[5] 上海市档案馆 . 日军占领时期的上海 [M]. 上海：上海人民出版社，2007.

总平面图

历史地图
资料来源：《老上海百业指南》

项目地址：静安区北苏州路 470 号
保护级别：上海市文物保护单位（2014 年公布）

建成年代：1916 年
初建功能：商会办公
原设计人：通和洋行

项目时间：2010—2018 年
建筑面积：3800 m²
现状功能：酒店
建设单位：华侨城（上海）置地有限公司
设计单位：上海都市再生实业有限公司
　　　　　上海联创建筑设计有限公司
施工单位：上海住总集团建设发展有限公司
监理单位：上海市建设工程监理咨询有限公司

上海宝格丽酒店
Bulgari Hotel Shanghai

上海总商会旧址
The former office building of Shanghai Chamber of Commerce

历史变迁

总商会的诞生

商会发端于上海，是近代上海经济繁荣与城市发展一股不可忽视的力量。早在 1902 年，上海成立了中国第一个商会——上海商业会议公所，落址在大马路（今南京路）五昌里。1912 年，上海商务公所与上海商务总会合并成立"上海总商会"后，在天后宫原址建造议事厅和办公楼，新会址就设在今北苏州路 470 号，便是如今的上海总商会旧址。1912 年破土，1916 年落成，成为上海华商的议事要地和管理上海商务（主要是华界）的总机关。

民族工商业发展黄金时期

上海总商会曾经历过一段辉煌时期，迎接过美国商会代表团、筹办过中国国货展览，举办外交讨论会议、处置江浙战争善后会议等。为当时显赫的工商界名流的聚会之地，见证了上海民族工商业发展史和革命史。1944 年，上海市商会院内开办了上海商业职业学校及上海商会商业补习学校，原东侧厨房、后勤人员用房及暖房被拆除、重建作为教学楼使用，北侧加建宿舍供学校使用。靠近北苏州路新建了入口门楼，自此总商会的主入口从河南北路更改至北苏州路。

中华人民共和国成立后

1959 年，上海总商会经历过几次变迁，先后用于上海电子管厂、联合灯泡厂、上海市电子元件研究所的生产和研究，建筑的结构形态也因此发生了较大改变。主楼的坡屋顶被拆除，加建了一层钢筋混凝土楼层，建筑由 3 层变为 4 层，加建部位与建筑的整体风格不协调。位于北苏州路的门楼，由于当时房屋资源紧张，多处被改建和加建，内部被隔成多个隔间，屋顶被加高了一层，门楼主立面顶部"上海总商会"几个大字被抹去。

1. 上海总商会西南角俯视历史照片
资料来源:《上海总商会历史图录》

2. 总商会议事厅
资料来源:《上海总商会历史图录》

3. 上海总商会门楼
资料来源:《上海总商会历史图录》

4.1926 年 2 月,上海总商会宴请
英国领事
资料来源:《上海总商会历史图录》

1

2

3

4

项目运作

2010 年，华侨城通过竞拍获得上海总商会旧址所处的苏河湾地块土地，并决定在这个地区引进宝格丽品牌酒店，上海总商会旧址被划入酒店区域。

2011 年，上海总商会修缮性保护工程正式启动，并组成了由城市建筑专家及十多家专业机构设计精英组成的专项修缮团队。工程历时七年，竣工后总商会大楼作为宝格丽酒店的中餐厅和宴会厅。

项目策略

建筑外立面风貌保护与修缮

上海总商会大楼是通和洋行在 20 世纪初的设计作品，其法国古典主义风格在屋面山花设计上体现出明显的特征。50 年代，由于工厂建设的需要，原先的屋顶及屋面山花被拆除，并在屋顶位置加建了一层建筑，对建筑立面风貌造成严重破坏。因此，屋面复原成为设计最大挑战之一，在原始数据缺失的情况下恢复已经损毁的山花及屋面造型。设计利用照片透视法、历史设计图纸比例缩放、历史设计图纸屋面坡度高度对比等方法进行屋脊高度及形式推断，定出 6 种形式，再根据三维模型推演，最终经过反复几何与视觉矫正，最终选择跟历史照片几近逼真的四坡顶进行复原，同时解决了设备屋面平台的设置。

建筑室内风貌保护与修缮

宴会厅是总商会大楼里最重要的空间场所之一。宴会厅南北进深 25 米，东西净宽度 18 米，上部成弧形吊顶，吊顶中间最高处有 9.3 米，两侧靠墙支点最低处约 6 米，两侧低中间高的弧形吊顶，使得整个宴会厅空间高耸宽敞。整个大厅弧形吊顶的修复采用传统泥板条做法。由于吊顶面积达 500 平方米并且呈弧形，要保证其工艺的完整性同时也要达到后期使用要求，通过调整基层板条的尺寸、板条的间距，增加钢丝网提升砂浆和板条的黏合度防止开裂，最终延续了传统工艺，同时也能够满足现代使用要求，完美复原议事厅的恢宏气势。

1. 修缮前南立面，OUR 都市再生摄

2. 修缮前议事厅弧形吊顶，OUR 都市再生摄

1

2

1. 修缮后南立面，OUR 都市再生摄

2. 上海总商会大楼修缮后东南侧，OUR 都市再生摄

3. 议事厅修缮后弧形吊顶，OUR 都市再生摄

1

2

3

1. 百年总商会展览现场，OUR 都市再生摄

2. 门楼拱廊内修缮前后对比，OUR 都市再生摄

3. 围墙修缮前后对比，OUR 都市再生摄

1

2

3

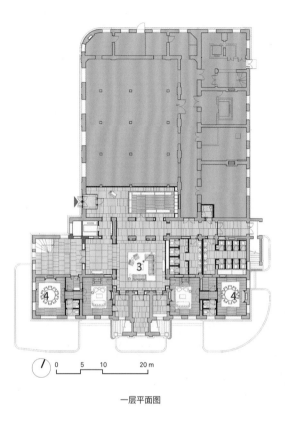

一层平面图

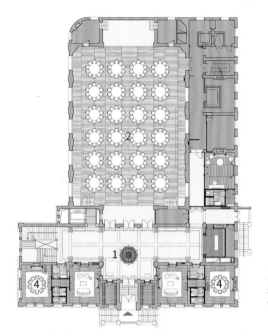

二层平面图

1 门厅
2 宴会厅
3 前厅
4 包间

南立面渲染图

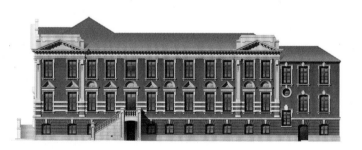

东立面渲染图

公共开放

2018 年 6 月，修缮完成的上海总商会举办了一场为期半年的总商会百年展。建筑修复过程中的文字和影像记录被发布到公众媒体上。

历史建筑修缮过程中的发现和呈现，在门楼和围墙的修缮中得到物化的呈现，透过多层次历史痕迹的保留，传递出建筑百年来发生过的变迁。

一段围墙的多个重要历史时期，通过历史研究和现场勘察，被如实解读。三个不同时期的风貌，代表了各自的时代特征，通过修缮的手法将这些历史层次展现给公众，让大家从中感受到历史发展的脉络和其中的意义，是这次围墙修复的最重要的使命。同样的理念也被运用在上海总商会门楼，将建造之初和此后每个有历史故事的时间点在建筑本体上发生的变化和留下的痕迹清晰地保留在门楼的拱廊内，让更多人读到这些历史，感受到历史背后承载的故事。

建筑师感言

凌颖松

原上海总商会的修复与更新不仅是一个复杂的工程，也是上海的一个城市文化符号。这里既承载了近代中国民族工商业的荣光再现，也表达了当代人对上海城市文化复兴的自豪与认同。历史考证的工艺技术，都是为了支撑与呈现这座建筑的多元价值。我们修复的是历史，保护的是未来，这是我们希望传递的价值观点。

曹琳

修缮项目最有意义的工作就是在大量史料研读中找寻到上海近代的土地变迁、民族工商业发展与商会历史的种种牵连。这些关联可以通过当时流行的建筑材料，反映在建筑层层叠加的物质结构中，而非只能从文献和老照片中知晓。上海总商会修缮工程，给了我们一个机会来面对有关保护实践中真实性问题的现实挑战，试图将历史遗存的复杂性转化为一种有利的设计条件，拓展出新老对话的更多方式，使历史空间为使用者带来清晰的价值呈现和独特的场所体验。

开放指南
开放时间：每月设公众开放日（不定期），需提前致电酒店预约。

参考文献
[1] 上海市工商业联合会 . 上海总商会组织史资料汇编（上下册）[M]. 上海：上海古籍出版社，2004.
[2] 上海市工商业联合会 . 上海总商会历史图录 [M]. 上海：上海古籍出版社，2011.
[3] 郑时龄 . 上海近代建筑风格 [M]. 上海：上海教育出版社，1995.

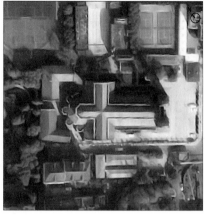

卫星图

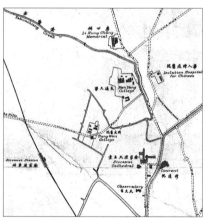

历史地图
资料来源：《历史上的徐家汇》

项目地址：徐汇区蒲西路 158 号
保护级别：全国重点文物保护单位（2013 年公布）

建成年代：主楼 1910 年，辅楼 1928 年
初建功能：天主教堂
原设计人：道达尔

项目时间：2012—2018 年
建筑面积：2978 m²
现状功能：天主教堂
建设单位：天主教上海教区
设计单位：上海原构设计咨询有限公司
施工单位：上海徐房建筑实业公司
监理单位：上海恒基建设工程项目管理有限公司

徐家汇天主堂
Zi-Ka-Wei Cathedral

徐家汇天主堂
St. Ignatius Cathedral

历史变迁

徐家汇天主堂的诞生

徐家汇天主堂由建筑师道达尔（W. M. Dowdall）设计，法国上海建筑公司先期于清光绪二十二年（1896）开始搭建工棚雕琢石柱。

1906 年 7 月 31 日正式动工。耗时四年建设，1910 年 10 月 22 日举行落成典礼，奉耶稣会创始人圣依纳爵为教堂的主保圣人。可以同时接纳 2500 名信徒。当时在教堂名册上已经有上万名教徒，其中许多是教会养大的孤儿。教堂规模宏大，装饰华丽，被誉为"远东第一大教堂"。

徐家汇天主堂的变迁

1960 年，张家树主教将主教座堂由董家渡圣方济各沙勿略堂迁至徐家汇，由此教区机构都移至此地。

20 世纪 60—70 年代，徐家汇天主堂钟楼尖顶及十字架被拆毁，该教堂开始作为上海市果品杂货公司仓库使用。

1979 年，教堂归还教区，同年 11 月恢复了弥撒。1980 年圣诞节前夕大堂修缮一新，张家树主教主持圣诞节大礼弥撒，千余教徒恭与弥撒。1982 年教堂进行了大修，修复尖顶十字架，钟楼恢复，重现哥特式风貌。1985 年 1 月，李思德、金鲁贤神父任上海教区助理主教，祝圣仪式在此举行。

改革开放以来，徐家汇天主堂成为对外交往的重要场所，每年均有世界各地天主教人士前来参与宗教活动或参观访问。

1989 年 9 月 25 日，徐家汇天主堂被上海市人民政府公布为上海市文物保护单位（近代建筑类）、第一批优秀历史建筑。2013 年被列入第七批全国重点文物保护单位。2016 年 9 月入选"首批中国 20 世纪建筑遗产"名录。

项目运作

徐家汇天主堂是上海最大的天主教堂。它见证了中国近代史上一个侧面，因而具有重要的历史价值，走在我国天主教独立自主自办教会事业的前列。

2012—2018年，天主教上海教区作为项目的主体和投资方，对徐家汇天主堂进行修缮。

项目策略

修缮原则

修缮工程严格按照《中华人民共和国文物保护法》《中华人民共和国文物保护法实施条例》《文物保护工程管理办法》《中国文物古迹保护准则》等国家和上海市的有关规定执行，遵循文物保护的最小干预原则、原真性原则、可识别性原则、可逆性原则和可读性原则。在采取任何措施前都对文物建筑及其环境的历史和现状情况进行全面充分的调查，处置过程中使用的所有方法和材料都有充分的科学依据，所有调查研究材料和记录均形成档案，重点保护部位严格按原式样、原材质、原工艺进行修缮。

建筑修缮

首先分析教堂外部现状及损坏情况，虽然原有建筑风格和外貌保存较为完好，但由于历经百年的风雨沧桑，教堂存在不同程度的自然损坏、自然老化及人为损坏现象。主要存在墙面和装饰线脚风化损坏，避潮层失效，墙面泛碱，屋面瓦损坏，泥满平顶开裂，墙面渗漏水等损坏现象。另外，由于轨道交通的建设，造成局部墙面开裂。修缮时先检查损坏程度，去除污物，修复后刷保护剂。然后分析教堂内部现状及损坏情况。修缮时保留历史原物，其他缺损的部位均需按照该式样复制。

本次修缮遵循文物建筑"不改变文物原状"的原状，恢复了页岩瓦和室内方砖地坪，恢复了彩色铅条玻璃，更换了避雷装置和室内电线管路，加固了损坏的结构，并对木结构等进行白蚁防治。

1. 历史照片
资料来源：上海近代基督教堂研究
（1843—1949）

2. 历史照片
资料来源：《历史上的徐家汇》

3. 原始主祭台，设计单位提供

1

2

3

结构修缮

在修缮中，应对徐家汇天主教堂的各楼（屋）面的木搁栅、木屋架、木檩条等各木构件进行全面检修。各层木楼板及木屋面板，按原样进行修复；木搁栅、木屋架中各木构件及木檩条等木质结构构件，凡有蚁蚀腐朽时，均按原规格、原材质更换木构件；木构件节点连接铁器锈蚀、破损处按原规格进行更换。本工程采用的新木材，其木材的材质和原始木材的材质相同。

修缮后主立面，潘爽提供

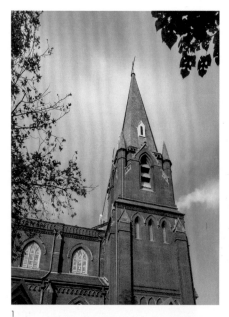

1

2

3

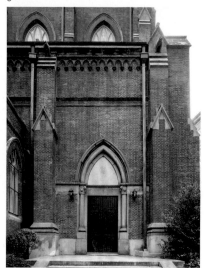

4

5

1. 修缮后塔楼局部，潘爽提供

2. 修缮后外墙面，潘爽提供

3. 修缮后庭院局部，潘爽提供

4. 修缮后墙面局部，潘爽提供

5. 修缮后门窗，潘爽提供

修缮后室内，许一凡摄

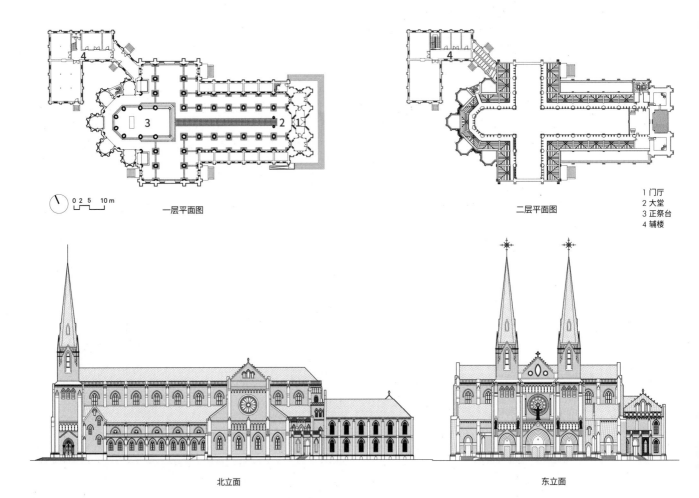

一层平面图

二层平面图

1 门厅
2 大堂
3 正祭台
4 辅楼

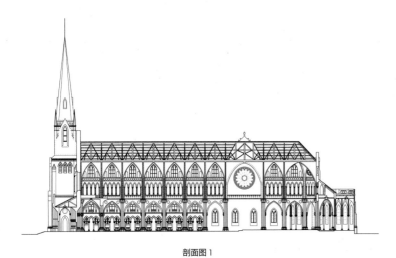

北立面

东立面

剖面图 1

剖面图 2

1. 修缮后外立面局部，潘爽提供

2. 修缮后北立面局部，潘爽提供

1

2

公共开放

　　经过两年多的封闭修缮，徐家汇天主堂于 2017 年 12 月重新面向普通大众开放。周末有志愿者带领参观教堂，每半小时一批（天主教友无需领票，游客需在游客中心领取免费门票）。除了上海普通民众之外，自开放至今，几乎每个星期天还有外宾或华侨中的天主教徒来参与弥撒。

建筑师感言

陈中伟

徐家汇天主堂原有建筑风格和外貌保存较为完好，但由于历经百年风雨，它存在不同程度的自然老化及人为损坏现象。因此我们在修缮时无论是对表皮还是结构，还是室内，都尽最大的努力去还原它的本来面貌。在这个过程中，我们也是在与教堂的文化和历史对话，将它本身承载的意义延续下去。

开放指南

开放时间：周一至周六 9：00—11：00，13：00—16：00。
弥撒时间：周六（16：30 儿童弥撒、18：00 弥撒）；
　　　　　周日（7：00 主教弥撒、10：00 主日弥撒、18：00 弥撒）。
交通信息：地铁 1 号线（徐家汇站）、公交 926、957、56、43、816、712、931、920 路、南佘专线。

参考文献

[1] 周小燕 . 上海徐家汇教堂区研究（1608—1949）[D] . 上海：上海师范大学，2006.

[2] 周进 . 上海近代基督教堂研究（1843—1949）[D] . 上海：同济大学，2008.

[3] 戴均良，等 . 中国古今地名大词典·下 [M] . 上海：上海辞书出版社，2010.

[4] 顾裕禄 . 徐家汇天主堂的过去和现在 [J] . 上海社会科学院学术季刊，1985(2)：149–159.

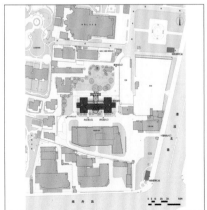

总平面图

历史地图

项目地址：徐汇区蒲西路 166 号
保护级别：上海市文物保护单位（2014 年公布）

建成年代：1901 年
初建功能：观象台

项目时间：2014—2015 年
建筑面积：3250 m²
现状功能：博物馆、办公
建设单位：上海市气象局
设计单位：上海都市再生实业有限公司
　　　　　上海联创建筑设计有限公司
　　　　　致正建筑工作室
施工单位：上海建筑装饰（集团）有限公司
监理单位：上海协同工程咨询有限公司

上海气象博物馆
Shanghai Meteorological Museum

徐家汇观象台旧址
Former site of Zi-Ka-Wei Observatory

历史变迁

初建时期

1841 年 4 月，南格禄神父任江南新教区首任耶稣会会长，他在 1845 年筹划建立观象台，但因故未能实现。1872 年 8 月，郎怀仁和古振声（当时任上海耶稣会会长）决定在江南教区实施科学和文化研究的方案。1873 年 2 月，观象台开始动工，地址选在现徐家汇区第二中心小学处，当时是在肇嘉浜的边上。1880 年，上海遭受强台风，在外商轮船公司等社会各界的一致要求下，徐家汇观象台采购仪器，准备筹设航海服务部，并扩建办公楼为两层楼房。1899 年，因业务扩大，旧有房屋不敷需用乃兴建新台，于 1899 年在徐光启墓东首辟地建起新台，1901 年建成。迁入后，旧址称"老天文台"，即现气象台。

扩建时期

1884 年 9 月 1 日正式成立外滩信号台，为停泊在黄浦江和进出上海港的舰服务。1898 年，天文学部迁至佘山。1908 年，徐家汇观象台仅存气象学与地震学两部。1914 年 5 月 18 日起，为进一步扩大服务，徐家汇观象台通过法租界私设的顾家宅无线电台每日两次向海船播发时间信号和海洋气象预报，使其从悬挂信号服务，发展到无线电广播服务。

衰落时期

1937 年 8 月 13 日，"淞沪会战"爆发，时任台长雁月飞收容数百难民。

1940 年，日军占领徐家汇周围区域。徐家汇观象台与外界中断联系，但气象台和佘山天文台的工作照常进行，很多有价值的课题都得到解决。时任气象部主任的龙相齐利用自己的"意大利关系"使徐家汇观象台免受日军侵占，同时为大量的难民提供了庇护场所。尽管如此，徐家汇观象台依然受到了严重影响。1941 年，"太平洋战争"爆发后，科研工作被迫停止，人员逐年散失。观象台研究工作衰落。

1. 历史鸟瞰图
资料来源：上海市气象局

2.1910 年改建铁塔
资料来源：上海市气象局

3.1955 年之后历史照片
资料来源：上海市气象局

1

2

3

新生时期

1949 年后，徐家汇观象台收归国有。1988 年，全国第一个区域气象中心——上海区域气象中心落户上海，成为上海区域气象通信枢纽。

项目运作

2014 年，上海市气象局提出对徐汇观象台进行全面保护修缮的想法，同时为展现徐汇观象台百年来在大气科学领域的重要意义，将其二楼和三楼部分空间作为气象博物馆，开放给公众，并纳入徐汇源景区参观点。

项目策略

建筑风貌复原

建筑整体均为清水砖墙面，转角柱均为青红砖交替装饰。此次修缮恢复清水砖墙的全貌及其历史材质感。清洗剥离外表面粉刷及涂料后，按照保存现状，不同程度进行砖面修复。砖缝采用平缝勾缝。主入口门头水泥仿石粉刷仅做清洗，保持历史风貌。缺失的勒脚部位，重做水泥仿石勒脚，并全面增设建筑防潮层。

记忆中的铁塔复原

铁塔复原是此次修缮能够符合 20 世纪 30 年代风貌的重要组成部分。根据仅有的历史照片、50 年代的历史图纸以及现场发掘的铁塔残留构件，综合对比各种资料得出的数据后，恢复铁塔的风貌。

随着未来徐家汇地区的城市空间整合，徐家汇观象台将重新担当起向市民传递气象信息的城市功能。

精细化机电设计

历史建筑修缮更新的目的是再利用，在历史建筑里植入满足当下使用需求的设备贯穿整个设计施工全过程。随着现场打开，一些有历史价值的构件暴露，原室内设计中大面积吊顶需取消，这导致本就无处可藏的设备管线需重新组织。设计在保护的前提下，利用各层走廊吊顶内空间设置暖通、消防、电气管线，并全面更新消防设施。

用历史建筑宣传保护

每一个历史建筑都有其独特的建筑特征和历史信息，通过保护工程梳理建筑的历史、人文资料，并将其中的特色予以说明和展示，也是保护建筑历史信息和宣传历史建筑。

塔楼东立面历史痕迹展陈：工程在塔楼一层的东立面外墙上，开辟了一块"历史痕迹展示"区域，将清水砖墙表面历次涂抹痕迹暴露并展示，将其水泥粉刷下隐藏的历史记忆形象地展示给后人，并与修缮后的立面效果对比，强调历史建筑保护的重要性。

原始外墙历史痕迹展陈：三层东侧尽端的 UPS （不间断电源）间与一层南侧露台下部房间内均保留有建筑原始外墙，并局部仍保留原始白色元宝缝。此两处空间均属于历史加建，内侧墙体属于原始外墙，凿除墙体表面水泥粉刷后发现其原始外墙仍保存较好，故作为历史遗迹展示。

柱式展示：一层东西两翼大空间内仍保留原始木柱、后期改造加建的砖柱及混凝土柱，拆除内部搭建后设计保留各种柱子的原始状态，作为遗迹展示。

1. 铁塔复原推导图，OUR 都市再生绘制

2. 铁塔复原后，OUR 都市再生摄

1

2

1

2

1. 修缮后北立面，OUR 都市再生摄

2. 修缮后南立面，OUR 都市再生摄

1. 三个时期的历史交叠呈现，
OUR 都市再生摄

2. 历史展示放大图，OUR 都市
再生摄

3. 保留柱式展示，OUR 都市再
生摄

1

2

3

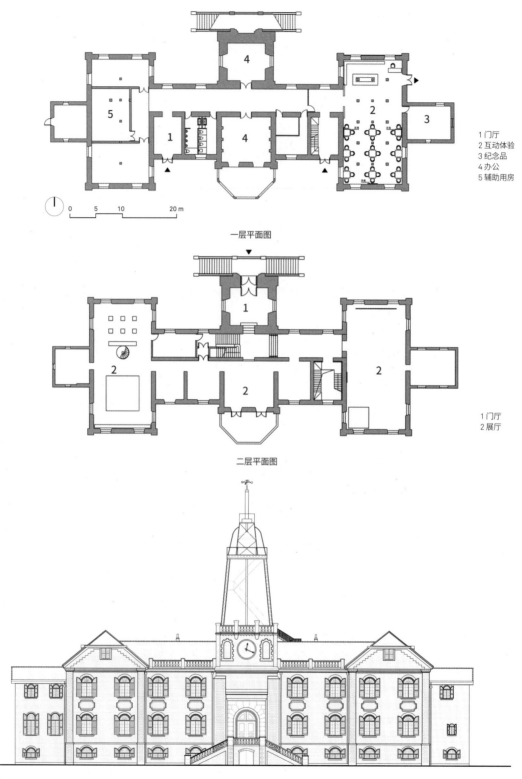

1 门厅
2 互动体验
3 纪念品
4 办公
5 辅助用房

0 5 10   20 m

一层平面图

1 门厅
2 展厅

二层平面图

北立面图

公共开放

上海气象博物馆自 2015 年起对外开放，博物馆共两层 8 个展厅，分别讲述观象台百年来的大事记、徐家汇观象台发展图片展、观象台建筑选址、建筑风格等，还有一套电视直播天气预报的体验装置。室外场地上的气象观测场，百叶箱、地温表等，一系列气象观测仪器如今依然在运转中。

建筑师感言

凌颖松

我们修复的是像艺术品一样的建筑，我们的修复过程和成果都应该像艺术品一样耐人寻味。徐家汇观象台的保护修缮，试图在保持对历史建筑敏感而有节制的干预和不放过任何可能发挥的细节之间做出平衡，既保持和过去的距离感，又强化这个场所的完整记忆，让公众获得历史认知和空间体验，也让这个建筑成为上海城市文化演进过程中重要的一部分。

应伊琼

如何展现 140 余年历史的气象台建筑的"真实性"？是本次修缮过程中贯穿始终的问题。百余年来的历次改造带来的建设性破坏应该恢复到哪个历史节点？立面中轴的塔顶如何修复？建筑内部剥除出的原始外墙面如何指导外墙的修复？气象台修缮项目最终呈现的"真实性"实践，更多的是项目实践过程中决定的价值诠释。如今踏入这座转变为公共博物馆的历史建筑，参观者能从建筑本体获得历史感知体验，继续在城市空间中延续自己的使命。

开放指南
开放时间：可通过微信公众号预约参观。
公共交通：地铁 1、9、11 号线（徐家汇站）、公交 42、43、44、50、205、920 路等。

参考文献
[1] 陈从周，章明.上海近代建筑史稿 [M].上海：上海三联书店，1988.
[2] 束家鑫.上海气象志 [M].上海：上海社会科学院出版社，1997.
[3] 张鳌.上海科学技术志 [M].上海：上海社会科学院出版社，2003.
[4] 上海市徐汇区房屋土地管理局.梧桐树后的老房子 [M].上海：上海画报出版社，2001.

总平面图

历史地图
资料来源：《老上海百业指南》

项目地址：徐汇区宝庆路 3 号
保护级别：徐汇区文物保护点 (2015 年公布)

建造年代：20 世纪 20 年代
初建功能：居住
原设计人：始建不详，扩建华盖建筑师事务所

项目时间：2017 年
建筑面积：1208 m²
现状功能：博物馆
建设单位：上海地产（集团）有限公司
设计单位：华东建筑设计研究院有限公司
施工单位：上海建工四建集团有限公司
监理单位：上海恒基建设工程项目管理有限公司

上海交响音乐博物馆
Shanghai Symphony Museum

宝庆路 3 号花园住宅
Garden residence at No.3, Baoqing Road

历史变迁

　　宝庆路 3 号始建于 1925 年前后，占地约 4750 平方米，原为德商住宅，早期仅有 2 号主人楼和 5 号管家楼。1930 年前后，染料大王周宗良购入此房产，并于 1936 年邀请当时近代中国最为著名的华人建筑事务所之一的华盖建筑师事务所对其进行了改扩建设计——新建 1 号客厅楼、3 号楼和改建 2 号楼南立面。这也是该事务所在将现代主义风格应用于住宅的设计作品之一。

　　由华盖建筑师事务所设计的 1 号楼，于 20 世纪 30 年代中后期，即现代主义风格在全球乃至上海流行时期建造，建筑采用了现代主义风格，平面工整，装饰简洁，釉面砖外墙，白绿相间的马赛克地面等都体现了现代主义风格特征。同时期邬达克 1935 年设计的铜仁路"绿房子"也采用了现代主义风格和釉面砖外墙作为装饰。2 号楼南立面的加建阳台采用了水刷石饰面，与 2 号楼原卵石外墙协调且有所区分。

1. 修缮前 1 号楼，设计单位提供

2. 修缮前 2 号楼，设计单位提供

3. 房屋变迁史示意图
资料来源：上海市地方志办公室《德商洋行买办的现代式花园：周宗良住宅》、上海电视台纪实频道《纪录片编辑室外公的客厅》

1

2

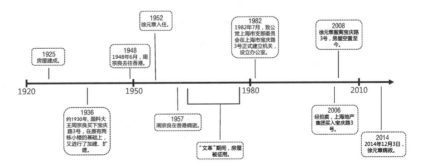
3

20 世纪 50 年代后建筑作为杂居住宅使用，内部格局和建筑外立面均受到破坏。2007 年起至修缮前建筑空关近十年，风雨侵袭等加剧了建筑的损坏和劣化，修缮前建筑主体结构虽基本完整，但木构架遭受白蚁侵蚀，建筑外墙饰面局部空鼓、脱落，屋面渗漏，地垄墙楼地面局部塌陷，几个既有建筑单体均存在不同程度的损坏甚至安全隐患情况，无法满足公共建筑使用要求。

项目运作

2017 年，上海市政府为丰富市民文化生活，与上海地产集团联手推进宝庆路 3 号保护修缮工程，修缮后的宝庆路 3 号作为上海交响音乐博物馆使用，系统介绍了交响乐在上海的近现代发展史。

项目策略

设计在保持原有建筑真实性、完整性的基础上，使新增部分也具有自我身份识别性，并与原有建筑有机融合。结合现代化展陈展览功能需求，在合理利用中传承历史文脉，使保护与利用互为依托、相互依存。

具体措施

设计以极其严谨和负责的态度，通过历史考证和价值评估，经过多次专家论证，恢复建筑历史风貌和装饰特色。对于庭院绿化和景观环境等也进行了精心整治和梳理，恢复了近代花园洋房院落风貌。在保护建筑重点部位的基础上，加固修缮建筑主体结构，消除安全隐患；隐蔽增加必要的现代化设备设施，提升建筑消防性能和使用舒适性能，满足当代使用需求。

1. 修缮后流线图，设计单位提供

2. 新建连廊演进图，设计单位提供

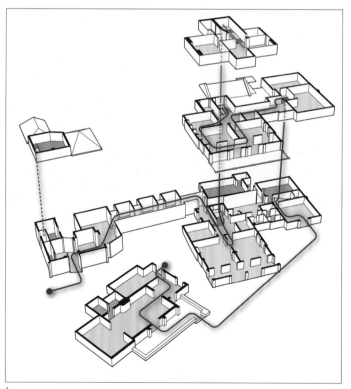

1

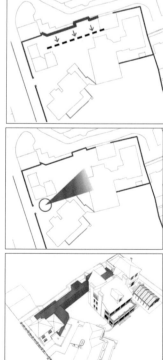

2

1

2

1

2

3

4

新建连廊

结合现代化展陈展览功能需求，设计新增轻巧通透的展廊连通原本散落的几个建筑单体，实现展览参观流线的完善。新建连廊采用板柱结构体系，以实现轻巧通透的空间效果；位置尽可能向北面退让，以保留原院落空间和主楼建筑西立面别具特色的空间形象。利用大片玻璃窗面向花园景观，使用折板建筑语言、屋面及墙面垂直绿化将建筑体量消隐于景观绿化，使之融入原有院落空间中。通过耐候钢板使新增部分也具有自我身份识别性，并与原有建筑有机融合。

历史建筑保护修缮措施

历史建筑修缮部分按照《中华人民共和国文物保护法》等相关条例，并经过多次专家论证，在保护建筑重点保护部位的基础上，满足当代使用需求。

修缮设计主要由历史图纸分析比对、三维扫描测绘、房屋质量检测、完损状况与价值评估、确定修缮方案组成，针对较有特色的部分，如卵石外墙面、面砖和马赛克外墙面、水刷石外墙饰面、钢门窗、木门窗、铅条彩色玻璃窗等以清洗和修复为主、原样翻做为辅进行了重点修复，经过数次试样比选最终确定，修复效果力求协调统一的同时兼顾修复的可识别性。

室内重点保护房间的修缮，在以保护为主的前提下进行合理利用，保护修缮对象有彩色花砖地面、壁炉、木楼梯、天花等，结合家具等隐蔽空调、排风等末端。对非保护房间有特色价值的局部构件予以保护，尊重历史不刻意复古，新做装饰结合使用需求设置。

结构加固措施

设计采用单面钢筋板墙加固措施提升外墙承载力，消除安全隐患；屋面遵循荷载不增加的原则，对木屋架进行加固修缮处理；基础采用改性聚酯注浆加固技术，消除近距离开挖带来的安全隐患，并提升基础的防潮性能。

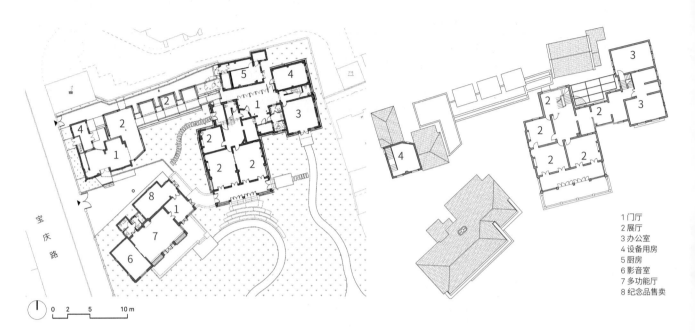

宝庆路

0 2 5   10 m

首层平面

二层平面

1 门厅
2 展厅
3 办公室
4 设备用房
5 厨房
6 影音室
7 多功能厅
8 纪念品售卖

2 号楼剖面

2 号楼立面

安全性能提升与机电管线及末端隐蔽措施

因功能转换，需增添大量消防、空调和电气的管线和末端设备，需设计结合各空间不同情况布置。历史建筑部分有大量木构部分，如楼地面、楼梯等，有较大消防安全隐患，经消防局与机电专家等多方论证，采用局部水幕冷却与喷淋相结合。设置消防水泵房、重点房间结构托换等方式提升防火性能；空调新风方面，采用外饰面与木门窗一致的木材质的地柜式空调结合窗台、展柜等协调布置；新风排风利用原壁炉烟囱、门上高窗等隐蔽位置灵活布置；烟感、喷淋等消防设施与翻做天花准确定位，多设置在天花中心线（点）等；新建部分因层高有限，强弱电线采用结构板内预埋形式等。多重形式结合，力求最大化还原历史建筑风貌、节省新建部分层高。

公共开放

修缮后的宝庆路 3 号已作为上海交响音乐博物馆投入使用，于 2017 年 10 月面向公众开放，可在微信公众号"地产宝庆"预约参观，与毗邻的上海交响乐团、上海音乐学院相得益彰，为音乐爱好者提供参观、观演的连续性体验，也为历史建筑的以用促留、活化再利用提供了新范本，发挥历史建筑的社会文化价值。

建筑师感言

沈迪

在优秀历史建筑的保护和活化利用中，修缮保护是设计的前提。然而，对建筑师而言，挖掘并再现它的文化与历史价值在当下环境条件下的时代意义是设计的核心所在。这也成为宝庆路 3 号项目设计中我们思考和追求的。

卓刚峰

修缮后的宝庆路 3 号作为国内第一家以交响音乐为主题的博物馆使用，与毗邻的上海交响乐团、上海音乐学院互通互补，希望为音乐爱好者提供参观、观演的连续性体验，也为上海近代居住建筑保护修缮与功能转型再利用模式提供新的探讨案例。

宿新宝

保护的目的一方面是使原物留存、价值存续，但是对于近现代建筑来说，更重要的一方面是活化利用。宝庆路项目通过一部分最小干预的新建，联系起来原本分散的单体，满足新功能的需求，实现了花园洋房向博物馆的转变，得以更好利用和展示。

开放指南
开放时间：周二至周六 9：30—16：30（16：00 停止入馆），周日、周一闭馆。
公共交通：地铁 1、7 号线（常熟路站）、公交 816、927 路。

参考文献
华东建筑集团股份有限公司 . 共同的遗产 2[M]. 北京：中国建筑工业出版社，2021.

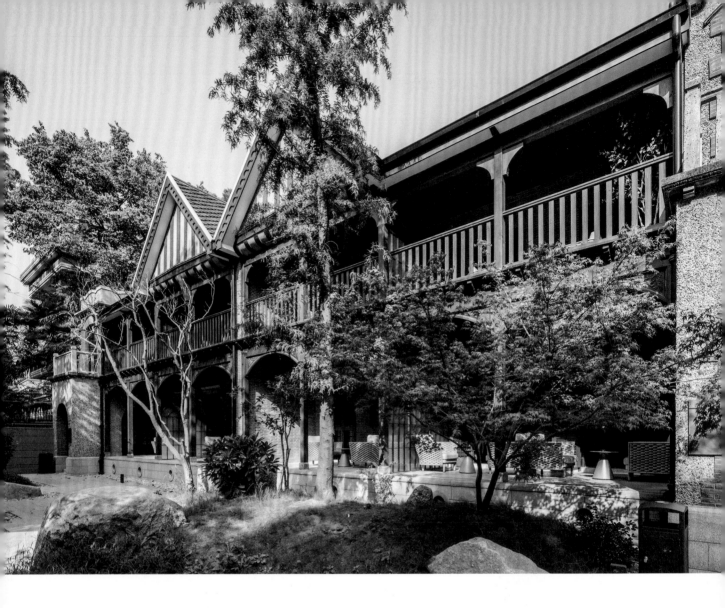

总平面图

历史地图
资料来源：《老上海百业指南》

项目地址：徐汇区武康路 100 弄 1—4 号
保护级别：徐汇区文物保护点（2015 年公布）

建成年代：1918 年
初建功能：住宅

项目时间：2016 —2018 年
建筑面积：2114 m²
现状功能：酒店
建设单位：上海衡复投资发展有限公司
设计单位：上海明悦建筑设计事务所有限公司
施工单位：上海徐房建筑实业公司
监理单位：上海思费科工程管理有限公司

上海隐居繁华雅集公馆
Metropolitan Seclusive Life
Shanghai Aristo Mansion

武康路 100 弄 1–4 号花园住宅
Garden residence No.1-4, Lane 100, Wukang Road

历史变迁

武康路 100 弄的百年变迁

　　武康路，旧名福开森路，始建于光绪三十三年 (1907)。武康路在几百年的历史进程中，人物变迁和历史事件极为丰富。两旁的老洋房里，曾住过国家名誉主席宋庆龄，无产阶级革命家潘汉年，全国政协副主席、民族资本家刘靖基，文学巨匠巴金，著名学者王元化等。这些人和事件，与中国近现代历史有着密切关联。

　　上海市徐汇区文物保护点——武康路 100 弄建筑为两幢毗连式的花园洋房，占地 2450 平方米，总建筑面积 2114 平方米，地处上海市衡山路—复兴路历史文化风貌区的西段核心区域。始建于 1918 年，至今已有逾百年的历史。建筑原为美商德士古石油公司高级职员公寓，1949 年中华人民共和国成立前夕，外侨撤离回国，曾有多位社会各界名人居住于此。

历史照片
资料来源：Visual Shanghai

项目运作

从七十二家房客到隐居繁华

建筑保护修缮前，该处住宅由"七十二家房客"使用，搭建严重，拥挤杂乱，年久失修。

上海徐房集团通过住宅产权置换，取得了大部分的产权。2016 年，原住居民搬迁后，开始了该处文物建筑的保护修缮设计工作。2018 年，修缮好的武康路 100 弄文物建筑，作为"隐居繁华"精品民宿酒店和独具魅力的城市公共空间向社会开放。

项目策略

考证建筑历史

为真实地修缮建筑，设计师对武康路 100 弄进行了详尽的历史调查，经过认真考证，发掘出建筑的历史照片。通过对历史照片的辨析，印证了外墙卵石、清水红砖装饰等历史原物的真实性，并还原了外廊形式、木构装饰及屋面菱形瓦等已缺失的历史原有样式、性质及材料，为建筑原状的判断提供了坚实的基础，建筑风貌的恢复提供了准确的依据。

记录建筑现状

为应对历史建筑现状的复杂性及准确控制修缮设计效果，设计采用 FARO Focus3D 三维激光扫描仪对建筑外立面及室内重点保护部位进行了三维激光扫描，并形成立面点云图。三维激光扫描图真实记录了建筑的现存状态，记录包含倾斜、变形、破损等重要信息，为修缮设计的准确及完整提供重要的帮助。

1. 南立面三维扫描图片
资料来源：上海明悦建筑设计事务所有限公司

2. 室内剖面三维扫描图片
资料来源：上海明悦建筑设计事务所有限公司

1

2

1

2

修缮后南立面，王红彬摄

恢复建筑风貌

　　设计师以细致的现场分析、调查为依据，甄别文物建筑的历史材质和工艺做法，以翔实的历史调查资料为基础，确定文物建筑的历史规模，以全面的建筑艺术特征调查为前提，修复文物建筑损毁部分的历史原状。因此，修缮后的建筑，墙面黄褐色的卵石饰面、砌筑精美的清水砖墙门窗套装饰、水刷石勒脚、铁质通风口、木质敞廊及其装饰线条、木柱、石质柱础、木梁柱上的固定铁件、木质屋架、山花处的露木结构、条石台阶、尖拱形老虎窗、扁券大窗、圆券窄窗、青石窗台、菱形平瓦屋面、高耸的壁炉烟囱等室外特色的传统工艺、真实材质、沧桑痕迹得以全面修复或恢复。修缮后的武康路100 弄风貌依然，虽相隔百年，人们依然能与曾经是历史照片中的它，欣赏、交流、对话、传神。

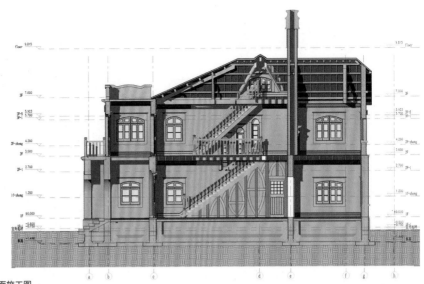

BIM 制作剖面施工图
资料来源：上海明悦建筑设计事务所有限公司

引入时尚功能

在武康路 100 弄文物建筑的保护修缮和利用设计中，在保护文物原真性和恢复文物历史原状的前提下，内部应当植入当今时尚的、与其原功能相似的使用功能，以赋予场所新意义和建筑新活力。只有在文物建筑真实沧桑的岁月价值里，才能最大程度欣赏其作为古董的艺术价值，才能最大程度感受当今现代风格软装和艺术的时尚气息。

设计全过程 BIM 介入

BIM 系统介入了修缮设计的全过程，设计采用 BIM 系统的施工图设计方式应对历史建筑沉降、倾斜、破损等问题的复杂性及全面把控设计效果，采用三维建模的手法进行施工图设计，真实再现了建筑的墙体、屋面、门窗等构件，绘制了屋面、地坪、墙面的构造做法。结合点云模型，大幅度减少施工阶段的现场问题，并使得修缮效果在设计阶段真实可见。

历史、自然、艺术

历史、自然、艺术，是设计团队此次文物保护修缮设计的三项基本内容，即"历史的建筑、自然的环境、艺术的生活"，旨在追求历史与时尚的交融、自然与舒适的并存、艺术与功能的天成。

公共开放

武康路 100 弄项目改造聚焦建筑的文化要素，立足于感知历史、领略人文需求，结合周边环境条件推进完善传统街区的功能，提升城市结构。

修缮好的武康路 100 弄，作为"隐居繁华"城市精品民宿酒店和独具魅力的城市公共空间向社会开放。在当下最时尚、最前沿、最具活力的城市生活中，最大程度地展现城市文物建筑的城市空间景观价值和建筑历史艺术价值。

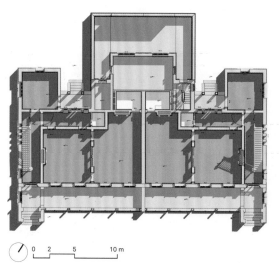

一层平面图

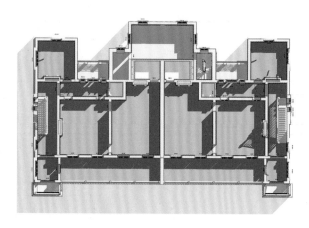

二层平面图

南立面图

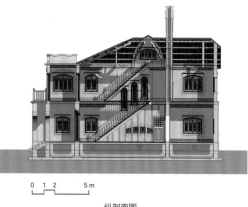

纵剖面图

横剖面图

1. 修缮后北立面，王红彬摄

2. 修缮后木构件，王红彬摄

3. 修缮后砖门洞，王红彬摄

4. 修缮后木窗，王红彬摄

5. 修缮后屋面，陈伯熔摄

1

2

3

4

5

建筑师感言

沈晓明

在武康路 100 弄文物建筑修缮项目中，我们以现场分析、调查为依据，甄别文物建筑的历史材质和工艺做法。以翔实的历史调查资料为基础，确定文物建筑的历史规模；以全面的建筑艺术特征调查为前提，修复文物建筑损毁部分的历史原状。设计方案满足文物建筑修缮真实性、完整性的要求，并充分考虑了文物建筑的后续使用。

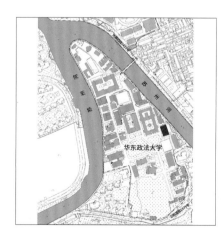

总平面图

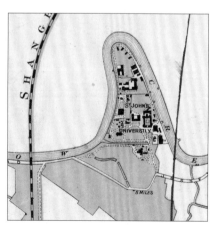

历史地图

项目地址：万航渡路 1575 号（华东政法大学长宁校区内）

保护级别：全国重点文物保护单位（2019 年公布）

建成年代：1899 年

初建功能：校园科学馆（医学系课室、物理化学实验室）

项目时间：2017 年

建筑面积：1824 m²

现状功能：办公

建设单位：华东政法大学

设计单位：上海明悦建筑设计事务所有限公司

施工单位：上海住总集团建设发展有限公司

监理单位：上海恒基建设工程管理有限公司

华东政法大学格致楼
GeZhi Building, East China University of Political Science and Law

圣约翰大学科学馆
Science Hall, the former St. John's University

历史变迁

格致楼的建成

格致楼所在的华东政法大学校园前身是圣约翰大学。该校创建于 1879 年 9 月，是中国教会大学中历史最久的学校之一。在 1952 年院系调整，创建华东政法学院，设在同年停办的圣约翰大学校址上，即如今的华东政法大学（长宁校区）。

格致楼原称科学馆，1898 年 11 月 20 日奠基，1899 年 7 月 19 日举行落成典礼。楼址原系 1879 年建院时所购别墅住宅，当时为校长施约瑟起居之处。该楼建筑经费共计三万美元，其中半数为卜舫济于 1897 年返美募捐所得，其余由上海士绅、校友和西商捐助，中国牧师为筹款出力甚多。

该楼建成之初为三层楼房，砖木结构，共有 60 个房间。一层、二层为物理化学实验及课室，神学及医学课室和博物院；三层为学生宿舍，后改为医科课室和解剖室。格致楼是当时中国所有院校中第一座专门教授自然科学的校舍。

配合使用变迁建筑改建

格致楼的建筑风格为中国固有式建筑风格。1900 年，该楼建成之初，建筑西侧墙面与怀施堂南侧墙面相仿，南侧墙面为城堡式，增其古态。格致室屋顶外形仿效怀施堂的屋檐，飞扬起翘，但墙面

1. 格致楼（科学馆），设计单位提供

2. 1935 年纪念坊正面，设计单位提供

1

2

处理则明显增添了西方建筑的色调，以半圆形拱代替了弧形拱，西立面与南立面一层至三层做外廊。

1935 年，该建筑新增医学课室和解剖室，原有 60 间课室不能满足当时的使用需求。学校将建筑西立面与南立面二至三层的外廊栏杆拆除，利用拱洞砌墙并做玻璃窗，将原有外廊变为室内空间，增加了课室。

1952 年，华东政法学院成立时，院长办公室、教务处及有关教研组、总务处及所属科室均设在该楼，建筑改名为办公楼。此时，建筑西立面与南立面的一层外廊也已做玻璃窗封堵成为室内空间。

1998 年暑期，华东政法学院为扩大招收住宿学生人数而紧缩办公用房，将办公楼改做学生宿舍并重新取名格致楼。此时，建筑外立面的屋檐起翘和屋顶烟囱等装饰已经完全灭失，西立面的两处升高的屋顶也已经毁坏。建筑内部原有空间格局已经全部改变，原有一至三层的大厅被取消，用作宿舍房间。建筑室内仅保留了建筑原有的两处楼梯。

项目运作

从圣约翰大学到华东政法大学，这个校园经历了一百多年的风雨变迁，校园内的历史建筑和校园基础设施都急需修缮更新。2016 年，华东政法大学组织对长宁校区河东、河西地块进行整体规划设计，并决定将格致楼作为第一栋需要进行全面修缮的历史建筑开展工作，为今后其他历史建筑的修缮作样板。2017 年年初，格致楼的修缮工程全面展开。

校园决定格致楼的功能从学生宿舍调整为教师办公室，格致楼从建成之初，一直是校园内重要的教学建筑。本次修缮后，也将作为学校的教研办公室继续使用。

项目策略

设计目标

本次改造的目标是在恢复建筑外立面与室内的历史风貌的同时，满足当下的使用需求并尽可能地向公众开放。

1

2

1   2

改造后格致楼的主要功能调整为教研办公室，同时开放一部分公共空间面向学校和社会，作为校史展览和小型讲座的活动使用，共需要设置 35 个教师办公室、2 个会议室以及 3 处展览和研讨交流空间。

现实挑战

既要恢复建筑原有外廊和室内空间格局，同时又要满足当下学校的发展和使用需求，还需要对建筑的机电进行全面更新以提高建筑使用的舒适度，这着实给建筑设计带来了很大的挑战。

若完全恢复建筑建成之初的风貌，西立面与南立面一至三层均为外廊空间，则会对建筑的使用面积造成很大影响，无法满足当下的使用要求。校园内的建筑以历史建筑为主，规模较小，在校园学生和教师使用人数不断增加的当下，对建筑空间的合理利用至关重要，任何教学使用空间的浪费都会给学校当下的教学开展带来压力。若维持现在的使用空间，不恢复建筑外廊，虽然能满足办公室的使用数量和面积，但建筑的整体风貌与周边韬奋楼、思颜堂等建筑风貌无法协调。则对于建筑本体的修缮将无法达到文物建筑保护的要求和目标。

由此可见，格致楼的修缮是否能够成功？是否能够保护好建筑原有的历史风貌，同时为学校当下的教学使用提供条件？首要解决的问题就是两者之间的权衡。

历史沿革带来的设计灵感

在制定修缮策略的过程中，设计人员从该建筑的历史沿革里找到了设计的灵感。在 1935 年，当时的科学馆为增加课室，将建筑西立面与南立面二至三层外廊栏杆拆除，利用拱洞砌墙并做玻璃窗，使外廊变为室内空间。

于是，修缮策略为建筑外立面恢复原有屋顶形式，外立面恢复南立面和西立面一层外廊，拆除建筑二至三层原有外廊的窗下墙和窗户，做落地窗，并做栏杆装饰，提示该建筑二层与三层原为外廊空间，新增内容可识别。

室内空间恢复原有中间大厅，周围使用房间的空间格局，一层大厅作为校史展览，可供公众参观；二至三层的大厅作为讲座和交流研讨使用；办公室由于外廊空间的利用，满足了数量和面积的需求。

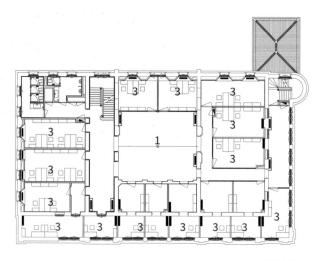

1 活动大厅
2 会议室
3 办公室

一层平面图

二层平面图

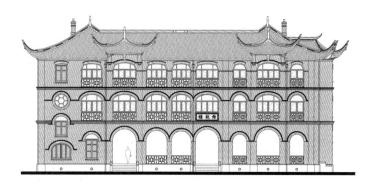

西立面

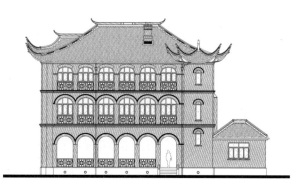

南立面

公共开放

根据建筑的空间特征，一层至三层的大厅空间被用作展览、交流研讨的空间。在本次修缮结束后不久，就在建筑的一层大厅做了一次文物建筑修缮交流的讲座，成功举办了第一次向外界开放的活动。在之后的使用过程中，学生和老师也经常会在大厅内召开小型的交流研讨和讲座。就像科学馆建成之初，各个课室内做实验的学生和老师在大厅内交谈讨论、开展讲座那样，营造了浓厚的学术气氛。

修缮后一层大厅，设计单位提供

建筑师感言

沈晓明   兰天

我们在文物建筑的保护修缮项目中，经常会遇到建筑历史风貌的保护修缮和建筑当下使用需求有冲突的情况。如何权衡满足？既要达到文物建筑保护修缮的目标，又要为建筑的更新使用带来可能，这是我们在做保护修缮设计过程中始终要思考的问题。在这个项目里，格致楼的建筑风貌伴随其历史沿革在一直发生着改变，从科学馆到格致楼，从研究课室到学生宿舍再到办公室，建筑的室内空间和外立面也一直与每一个时期的使用需求做着权衡和改变，这种权衡与改变给我们本次修缮带来了启发，也最终促成了这一次文物修缮的作品。

参考文献

[1] CHANG K F, WU C C, VOTAW M E. St. John's University 1979-1929. （圣约翰大学学生记录，未出版）

[2] 徐以骅 . 上海圣约翰大学（1879—1952）[M] 上海：上海人民出版社，2009.

[3] 熊月之，周武 . 圣约翰大学史 [M] 上海：上海人民出版社，2007.

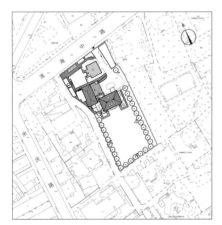

总平面图

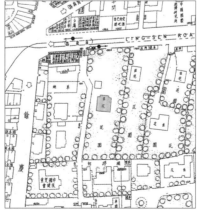

历史地图
资料来源：《老上海百业指南》

项目地址：徐汇区淮海中路 1843 号
保护级别：全国重点文物保护单位（2001 年公布）

建成年代：1920 年
初建功能：花园住宅
原设计人：中国营业公司

项目时间：2017—2019 年
建筑面积：684 m²
现状功能：纪念馆
建设单位：上海宋庆龄故居纪念馆
设计单位：上海建筑装饰（集团）设计有限公司
施工单位：上海住总集团建设发展有限公司
监理单位：上海协同工程咨询有限公司

上海宋庆龄故居纪念馆
Soong Ching-ling Memorial Residence in Shanghai

上海宋庆龄故居
The former residence of Soong Ching-ling in Shanghai

历史变迁

法租界发展背景

从 1849 年上海法租界形成到 1914 年法租界完成最后一次扩张后，法租界成为上海整个租界内最晚开发成熟的租界。1914 年后，随着法租界内各条道路的开辟、延长、加宽，大批的房屋便在西区沿路拔地而起，随着当时世界经济大萧条的影响，上海有相当一部分游资没有出路，劳动力十分低廉，大量建筑材料滞销，加之境内地价的不断升值，无不利市百倍，法租界西区逐渐形成一个面积广大的住宅区。

1937 年，"淞沪会战"打响，同年 11 月中国军队撤离上海，上海沦陷，在此期间，公共租界中区、西区以及法租界进入大量资本和人口，上海租界成为著名的"孤岛"。

1938 年底，由于租界局势也动荡不安，又有大量资本和有钱人进入，法租界当局决心将中区以西地区的新区建造成高级住宅区。

淮海中路 1843 号

淮海中路 1843 号花园住宅原是来华经营内河航运的希腊籍船主鲍尔的别墅，后转让给德国医生菲尔西里。1929 年，又为工商界人士朱博泉购得。抗战胜利后，朱博泉被控有附逆之嫌疑，财产为国民政府没收。

1945 年，宋庆龄因将莫利爱路 29 号寓所移赠国民政府以作孙中山纪念地之用，且暂居的寓所较为简陋，根据蒋介石手谕，国民政府行政院将此房屋拨归宋庆龄使用，其产权亦归宋庆龄所有。

从 1948 年到 1963 年，宋庆龄在这里工作、生活达 15 年之久。1978 年，宋庆龄回上海住所过春节，前后居住了三个月，这也是她最后一次回上海。

1981 年，宋庆龄在北京逝世后，她在上海的寓所被完整地保存下来，经整理后于同年 10 月揭牌建馆，实行内部开放，1988 年 5 月起向社会公众开放。曾先后于 1990 年和 2006 年进行过全面修缮。

重要事件

在这幢楼里，宋庆龄接待过毛泽东、刘少奇、朱德等国家领导人，曾接待朝鲜首相金日成、苏联最高苏维埃主席团主席伏罗希洛夫、柬埔寨首相西哈努克等外国元首和贵宾。宋庆龄领导的保卫世界和平运动和中国福利会的许多重大活动都曾在这里举行。

项目运作

宋庆龄是伟大的爱国主义、民主主义、国际主义、共产主义战士，是 20 世纪最伟大的女性之一。上海宋庆龄故居是她一生中居住时间最长的地方，留下了许多珍贵的历史瞬间和大量文物。

2018 年，经上级管理部门批准，上海宋庆龄故居纪念馆闭馆实施保护修缮，这是该建筑时隔 12 年的又一次整体修缮，主要修缮主楼、辅楼、院内环境及纪念馆。尽可能地恢复到宋庆龄先生生活时的原貌，能更好地让后人了解宋庆龄先生的生活及生平的高尚品德。

项目策略

全面整治总体环境

对主楼、辅楼、院内附属建筑进行维修。统一更新弱电、无线网络、空调系统；维护原有强电、给排水系统；养护绿化、白蚁防治；对纪念馆内的可移动文物进行修复、复制、更换；满足宋庆龄故居文物保护的要求、合理使用的需求。

宋庆龄先生在故居生活照
资料来源：上海宋庆龄故居纪念馆

完整地保护建筑整体

　　宋庆龄故居室内外重点保护部位，均采用原样式、原材料、原工艺进行修缮。修缮工程坚持"不改变文物原状"的原则，尊重文物建筑的历史人文、科学艺术、社会文化价值，以文物保护为前提和目的，消除安全隐患，确保工程质量，提升参观体验品质。

　　修缮之前对文物做全面深入的研究，包括原始图纸、资料照片及文字资料等，力求全面把握文物完整的面貌和历史，整理具有文化、艺术、技术意义的历史信息，保存历史建筑的多重价值，从而在修缮过程中，做到原汁原味、真实有据。

修缮后主楼，向东晖摄

针对建筑病害勘查发现的问题，进行全面系统的维修。重点就主楼室内空间格局和装饰样式、材质、工艺等按原貌予以修缮。配套健康监测系统及院内附属设施，更好地实现对故居的有效管理和合理利用，使其真实性、完整性得到有效的保护和延续传承。

重塑宋庆龄文物馆

在兼顾空间与时间上遗留的建筑特色的基础上，对宋庆龄故居进行深入认知和创新诠释。

照片，是对于宋庆龄最为直接的记忆。故利用相框元素对空间进行分割。形式上力求统一协调，运用线与块面的结合，增加空间的韵律感，通过对特定材质的恰当运用和简洁结合，展现出有韵味的创意空间特质。

绿化景观维护

绿化设计总体上将基地划分成 5 大板块，分别为入口区域、花坛区域、古樟林下区域、草坪区域及花盆摆放板块。

总体设计遵循"存旧加新"的原则，整体绿化格局尊重场地原有肌理，把控原有绿化框架不变的基础上，保存原有长势良好的苗木，更新替换掉劣势苗木，达到苗木长势密而不塞、苗木种类多而不乱的绿化景观效果。

修缮后的宋庆龄先生像，向东晖摄

1. 修缮后花园，向东晖摄

2. 主楼陈列，向东晖摄

1

2

公共开放

修缮完成后的上海宋庆龄故居纪念馆已于 2019 年 1 月 27 日宋庆龄先生诞辰 126 周年之际恢复对公众开放。

纪念馆在展陈布置和公共服务方面做了较大改善和提升：6 米长的数字互动屏充分展示了宋庆龄的生平；时光邮筒、留言墙等增加了更多互动体验；通过官网和移动小程序实现的活动预约等功能使参观者感受到故居更加贴心、便利的服务。

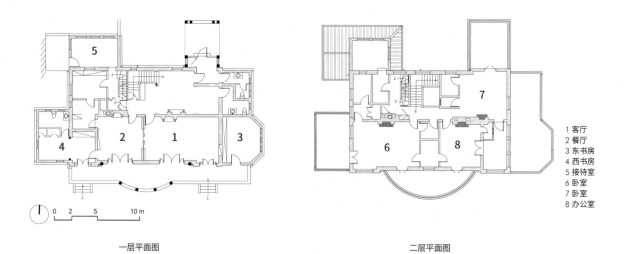

一层平面图

二层平面图

1 客厅
2 餐厅
3 东书房
4 西书房
5 接待室
6 卧室
7 卧室
8 办公室

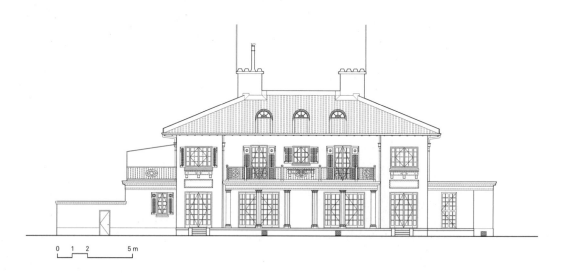

南立面

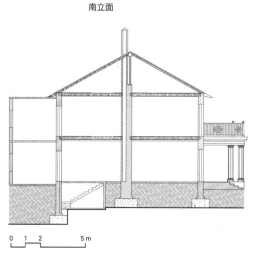

剖面图

1. 纪念品销售区
资料来源：宋庆龄故居改造概
念方案

2. 休息观影区
资料来源：宋庆龄故居改造概
念方案

3. 教育活动
资料来源：上海宋庆龄故居纪
念馆

1
2

3

建筑师感言

陈中伟

上海淮海中路 1843 号寓所是宋庆龄先生一生中居住时间最长的地方，这里既是她生活的地方，也是她办公和从事国务活动的重要场所，留下了许多珍贵的历史瞬间和大量文物，具有极高的历史人文价值。宋庆龄住宅内所有陈列的物品都是原物，并完全按照她生前的布置静静地安放着。宋庆龄故居的保护性修缮符合文物修缮的原则，体现文物可阅读的最大价值。

侯晨斌

一个有灿烂文化的城市，必须具有悠久的历史文化，上海作为外来文化和本土文化的交汇处，这两种文化的相互作用加快了城市发展的速度，宋庆龄故居的文化内涵具有这样的特征。宋庆龄故居室内外重点保护部位，均采用原式样、原材质、原工艺进行维修，更好地实现对故居的有效管理和合理利用，使其真实性、完整性得到有效保护和延续传承。作为全国重点文物保护单位，其内在的历史价值等随着时间的推移亦在不断提升。而人文历史的非物质文化遗产则需要我们进一步挖掘。

开放指南
开放时间：周二至周日 9：00—16：30（周一闭馆，节假日除外）。
公共交通：地铁 10、11 号线（交通大学站）、公交 26、44、48、72、911、920、926 路。

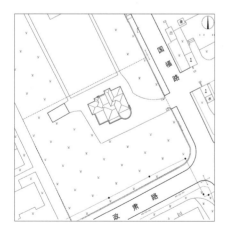

总平面图

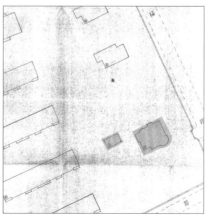

历史地图

项目地址：杨浦区国福路 51 号
保护级别：上海市文物保护单位（2014 年公布）

建造年代：1945 年以前
初建功能：住宅

项目时间：2017 年
建筑面积：352 m²
现状功能：展示馆
建设单位：复旦大学
设计单位：上海明悦建筑设计事务所有限公司
施工单位：上海维方建筑装饰工程有限公司
监理单位：上海协恒工程管理有限公司

《共产党宣言》展示馆
Exhibition Hall of the Communist Manifesto

陈望道旧居
The former residence of Chen Wangdao

历史变迁

陈望道同志是中国共产党的创始人之一，《共产党宣言》第一个中文全译本的翻译者和马克思主义中国化的先驱，也是复旦大学历史上担任校长时间最长的一位校长，同时也是一位对中国哲学、社会、科学做出卓越贡献的著名学者。

陈望道旧居建筑始建年代不详。20世纪50年代初期，复旦大学根据上海市的安排，专门出资三万元在国福路购买了这座花园洋房，为陈望道生活工作所用，并作为全国高校中最早成立的一个语言研究中心。

根据对历史的调查，陈望道旧居建筑主要经历了三个历史阶段：建筑初期，为私人营造的西班牙式别墅建筑，建筑的风格独特、建造精美，尤其是地坪马赛克和底层会客厅地板；20世纪50年代中期之后，学校购置该建筑并对其进行改造，内部格局有部分变动，功能也有所变动，将底层作为语法、逻辑、修辞研究室所用，这是全国高校中最早成立的一个语言研究中心，由陈望道亲自主持，而建筑的二、三楼卧室各增加了一处卫生间。陈望道老先生仙逝之后，二、三层建筑空置至今，仅有一看门老人居住近十年，对整体建筑格局难有改变。

建筑年久失修，造成外立面粉刷损毁严重；部分墙体长出树木，根茎入墙，墙头结构破坏严重；内部部分木梁、楼板腐蚀坍塌；钢窗锈蚀也较为严重。

陈望道旧居历史照片
资料来源：《桃李灿灿，黉宫悠悠——复旦上医老校舍寻踪》

项目运作

多方参与，共同见证

建筑为上海市文物保护单位，修缮后作为《共产党宣言》陈列馆使用，项目从一开始就引起了多方关注。在设计过程中，设计方就多次组织学校相关部门、专家、陈望道儿子陈振新教授全家以及曾经在语言研究中心中研究、学习以及生活过的相关人士，对建筑的历史、周边环境的历史、陈望道先生原来生活的种种细节，以及对建筑修缮的理念与构思进行全方位沟通。

而在修缮过程中，相关政府主管部门、宣传部门以及校方均多次参与项目推进，为项目的顺利实施助力。修缮完成后学校将本幢建筑作为《共产党宣言》陈列馆对外开放，长设"宣言中译，信仰之源"主题教育展，成为重要的红色教育基地，有力推动红色文化传播。

项目策略

根据历史和现状的研究，陈望道旧居的价值最重要体现在建筑的历史价值，其次是建筑的艺术价值。为了延续并重新焕发建筑本身的价值，设计秉承"建筑原真、环境原味、生活原貌"的理念，在详细的历史和现状调查的基础上，恢复文物陈望道旧居时期的历史原貌。对历史的环境进行整饬，恢复花园格局并深化环境的纪念性；对室内格局与各种生活环境进行复原，还原望道老先生在此生活、研究、教学时的场景原貌。

1. 修缮前外立面，蔡劲松摄

2. 修缮后外立面，王红彬摄

1

2

修缮后各外立面，王红彬摄

对建筑完整的保护与修缮

陈望道旧居建筑整体上偏向现代主义建筑风格，但是有非常明显的西班牙式建筑特征，也存在中式元素，使得建筑风格独特迥异。但年久失修使得建筑外观上破败不堪，外立面拉毛粉刷大面积脱落与污损，也伴随着部分墙体结构损毁造成安全隐患，故修缮中秉承展现望道先生居住时原貌的原则以及修缮后的整体性原则，保留了整体历史建筑体量，全面修缮外立面拉毛粉刷及墙体结构损伤，拆除了后加悬挑阳台支撑钢柱等附加物。

对室内原状的恢复

项目主要展示陈望道先生在其间居住、教学时的室内空间原貌，重点保护部位为陈望道先生的卧室、书房和底层会客厅，也包括楼梯间、马赛克地坪和拼花木地坪等。重点保护部位根据现状调查和历史照片等相关资料复原原场景，并提供空间展示《共产党宣言》相关内容；部分完全没有历史原物的空间，如三层陈望道先生仙逝后改造的卫生间等房间，改为办公室使用；其余房间尽量恢复原有格局，并加入新的展示内容。

总体来讲，在保护文物真实性的前提下提升文物功能；在展示真实历史生活场景的前提下增加宣传、展示和研究的空间；在保护过去的前提下提升文物与人物的社会影响。

此外，在建筑局部增加结构保护措施，并合理隐蔽地设置机电设备，在不影响文物真实性的前提下提升机电性能以满足当代展览要求，使文物建筑得到长效保护和妥善利用。

对场地景观的提升

场地内景观有较明显的历史格局特征，花园的重点保护部位为其整体布局，即一圈方形的乔木和南侧大草坪的空间形式；取消南侧成排灌木，使得草坪和南侧硬地连通，形成一个集中的绿地空间，空间尽头放置陈望道雕塑，将其规划为较为开放的纪念空间。

1. 修缮后楼梯，王红彬摄

2. 修缮后的陈望道卧室，王红
彬摄

1

2

关于局部细节的研究和修缮

建筑室内、室外有大量空间采用马赛克、拼花地板铺地，部分卫生间墙裙采用 1949 年前的日本进口瓷砖，均有保存，但破损情况不同，部分房间内马赛克损毁超过 1/4，一层走廊马赛克被全部拆除后重铺瓷砖，也有部分空间马赛克及墙砖仅有少量损毁。对于所有此类空间，采用照片建模等数据采集方式进行了完整记录，并研究其铺砌规律。对保存较完好的空间进行清洗，对于缺损的部分采用色彩接近的同工艺烧制材料修补，在保证可识别性的前提下完善历史空间的整体性。

关于家具的保护

在建筑调查的过程中，发现建筑内有许多质量非常好的老家具，对比研究陈望道先生曾经在家里的教学照片，这里面有许多家具都是曾经陈望道先生使用过的，其中木茶几、餐桌、沙发等家具都是

1. 餐厅马赛克地坪扫描图，设计单位提供

2. 餐厅马赛克地坪恢复大样图，设计单位提供

3. 浴室墙面历史瓷砖扫描与修缮分析图

4. 陈望道卧室修缮后改作展室，王红彬摄

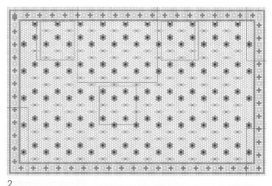

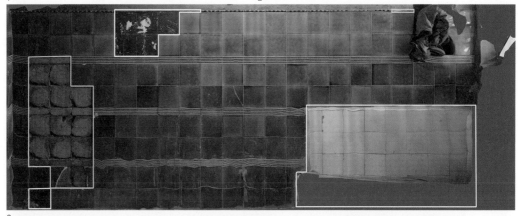

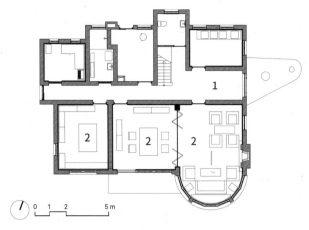

一层平面图

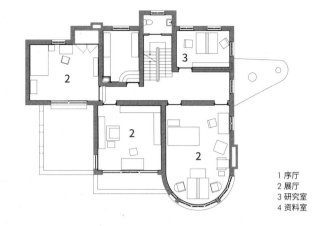

二层平面图

1 序厅
2 展厅
3 研究室
4 资料室

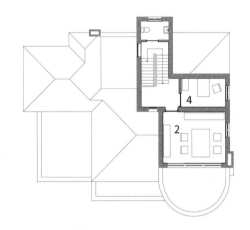

三层平面图

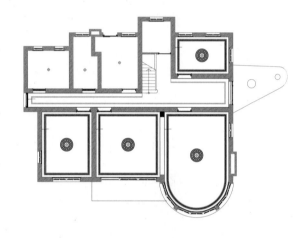

一层天花平面图

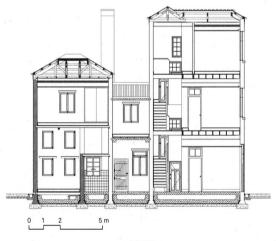

剖面图

南立面图

陈望道先生生活中最重要的场景组成。

经过与陈望道先生家人的交流确认后，在建筑修缮的过程中，将历史的家具妥善保存，经过精心清洁修整后，按照历史照片中的原位摆放展示，完完全全还原陈望道先生生前的生活、工作和教学场景。

公共开放

陈望道旧居经过修缮后，于 2018 年 7 月正式作为《共产党宣言》展示馆对外开放，作为复旦大学校史馆专题馆，长设"宣言中译，信仰之源"主题教育展。

从"诞生：阶级使命、人类解放""共震：华夏命运、道路抉择""中译：承译巨著，传播火种"到"影响：信仰之源、时代担当"，展厅通过四个章节将相关内容尽呈。这里不仅展示了 1920 年首次出版的陈望道中译本，再现了承印首版《共产党宣言》中译本的又新印刷所，还专门辟设版本厅，用以安置从坊间搜罗的部分宣言版本。小楼西北角的旧居车库，改建为车库影院，播映《大师陈望道》和《信仰之源》。整个展馆布局展示《共产党宣言》的诞生、中译和影响，彰显上海红色起源地的精神与传承，也通过各种展品与场景勾勒陈望道先生作为社会活动家、教育家、思想家、学者的光辉人生。

修缮后的陈望道旧居已经成为复旦大学马克思主义理论研究、传播、展示的重要载体，成为上海市乃至全国的党史教育基地和复旦大学标志性的文化场馆。

建筑师感言

沈晓明

我们希望通过一面面斑斓的墙、一扇扇微开的门、一户户透光的窗、一把把泛锈的把手、一块块手痕斑斑的栏板、一阶阶足迹凹陷的踏步、一盏盏微光轻洒的灯……让参观者能够想象出当年陈望道先生在这里踱步、沉思、奋笔的一幕幕场景。这就是陈望道故居文物建筑历史的温度，也是我们从事文物建筑修缮设计核心的价值。寄情于这幢实实在在的文物建筑，我们更怀念他。

王凌霄

陈望道旧居的修缮项目更像是一个展示"红色文化"的命题作文，但在整个文物修缮过程的推进中，我们希望在充分展示"红色文化"的基础上，更多挖掘这幢建筑中关于"陈望道"、关于"旧居"的价值。在这样的项目中，更细致的研究、更宽阔的视野和更多元的价值呈现，才能真正更加立体地挖掘、展现、升华文物的价值。

开放指南
开放时间：周二至周六 09：00—11：30（11：00 停止入馆），13：30—16：30（16：00 停止入馆），
国定假日除外。

参考文献
[1] 郑时龄. 上海近代建筑风格 [M]. 上海：上海教育出版社，1995.
[2] 复旦大学档案馆. 桃李灿灿，黄宫悠悠——复旦上医老校舍寻踪 [M]. 上海：复旦大学出版社，
    2015.
[3] 邓明以. 陈望道传 [M]. 上海：复旦大学出版社，2011.

总平面图

历史地图
资料来源：《老上海百业指南》

项目地址：静安区陕西北路 186 号
保护级别：上海市文物保护单位（2014 年公布）

建造年代：1918 年以前
初建功能：住宅

项目时间：2010—2017 年
建筑面积：约 2260 m²
现状功能：活动、展示
建设单位：普拉达时装商业（上海）有限公司
设计单位：上海章明建筑设计事务所（有限合伙）
施工单位：上海建筑装饰（集团）有限公司

荣宅
Prada Rong Zhai

荣宗敬旧居
The former residence of Rong Zongjing

历史变迁

早期历史

今天的陕西北路 186 号所在路段，原为西摩路 17 号。西摩路（Seymour Road），是上海市陕西北路新闸路以南段在 1905 年到 1943 年之间的路名。西摩路南起福煦路（今延安中路），北至新闸路。

根据现有掌握的资料，可判定该建筑建成于 1918 年以前，最初为德国人居所。

1919 年"一战"结束后，20 年代初由荣宗敬置办。1938 年 1 月 4 日，荣宗敬离开上海，避赴香港。1946 年"二战"结束后大儿子荣鸿元搬去现美国总领事官邸，40 年代末二儿子荣鸿三搬去现日本总领事官邸，三儿子荣鸿庆后搬至现威海路幼儿园，女儿荣卓如嫁给哈同义子后，居住在武康路 99 号。

使用变迁

1949 年后，由受托管理该产业的代理人荣孝范代表荣家租予中国经济研究所使用。1949—1956 年，《展望》杂志社在建筑北面底层的一间办公室作为办公使用。1958 年 1 月，中国科学院上海经济研究所迁至该建筑。1960 年 5 月，中国科学院上海经济研究所迁离，至 1963 年 1 月又迁回。1968 年年底，上海社会科学院的建制被撤销。1978 年 10 月上海社会科学院复院迁至他处办公。1978 年 5 月—1979 年 4 月，上海市社会科学界联合会在此办公。1979—1996 年，六大民主党派在此办公，二楼大舞厅称为"礼堂"，六党共用。后期民盟和台盟搬至他处。1995 年年底，陕西北路 128 号民主党派大厦建成后各民主党派搬入民主党派大厦办公。1996 年民主党派迁离后，为棠柏饭店使用。2002—2008 年，为星空传媒集团上海代表处使用。

2003 年 11 月 26 日为荣宗敬诞辰 130 周年纪念日，在此举行了"荣宗敬故居"揭牌仪式，荣宗敬的三儿子荣鸿庆等亲临现场。

荣宅的三次加建

建筑由三部分组成，分别为主楼、副楼与八角楼。其中主楼与八角楼为 3 层，副楼为 4 层，除副楼一至三层为钢筋混凝土框架结构外，其余均为砖木结构。

根据目前所得资料可知荣宗敬曾至少三次委托陈椿记营造厂负责对荣宅进行改造与加建，直到 20 世纪 40 年代中期方呈现出今日的样貌。现在荣宅中的八角楼、主楼各柱廊及阳台、副楼等均为 1918 年前后的加建部分。

从目前建筑形貌可以明显发现，每一阶段的加建均体现了那一时期上海历史建筑的流行风潮，较早期加建的南侧柱廊呈现新古典主义，而较晚近加建的副楼则偏向于现代主义。总体说来，荣宅呈现出多种时期建筑风格混杂的外观形态。

项目运作

荣宅产权现属上海久事集团有限公司，2010 年，普拉达时装商业（上海）有限公司承租该房屋后随即启动保护性修缮工作。重新开放后成为普拉达在中国举行各式文化活动的专用场所。

1. 六大民主党派时期
资料来源：《静安历史文化图录》

2. 星空传媒时期副楼舞厅部分，
设计单位提供

3. 星空传媒时期八角楼进厅，设计单位提供

4. 首次改造的图纸，含立面、剖面及平面局部
资料来源：上海市城市建设档案馆

5. 八角楼以及主楼增设外阳台的图纸，含立面、剖面及平面局部
资料来源：上海市城市建设档案馆

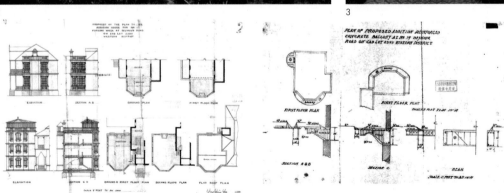

项目策略

荣宅的保护类别为一类，保护要求：建筑的立面、结构体系、平面布局和内部装饰不得改变。

建筑的各立面和花园为外部重点保护部位，原底层会客室、楼上卧室等主要空间，门厅、楼梯间走道、壁炉、彩色玻璃镶嵌天花、彩色玻璃镶嵌门窗、护壁细木装饰、拼花玻璃、马赛克、水磨石、木地板等原有特色地面、天花线脚以及其他原有特色装饰等为内部重点保护部位。

外立面——水刷石修缮

现状外墙饰面绝大部分为水刷石。荣宅修缮前水刷石部分主要的破损情况分为两大类：一类为表面沾污，主要原因是雨水造成的迁移性污染；另一类为裂缝和孔洞，主要原因是结构性裂缝和赘加物造成的孔洞破坏。此外，还存在有不同程度的起砂、蚀损、裂纹、空鼓等。

水刷石墙面采用化学法结合物理法进行除污清洗。临时构件清除和孔洞修复，大于 2 毫米的墙面裂缝用防水乳胶注入加固，破损部分依据现状水刷石选配的骨料进行修复。

清洗修补工作完成后，对局部色差过大处作平色处理。二次涂刷水泥薄浆，随后再次洗出骨料，以使外观色泽更为均匀。

室内修缮——木制品

除最后加建的顶层以外，荣宅所有楼面均有大面积的细木装饰。其中主楼与八角楼的木装饰以木制雕刻为主要形式，副楼则更多以拼花木皮贴面为其主要形式。此外，副楼与八角楼内还有大面积的拼花地板，拼花形式有回字形、鱼骨形等。

木制品修复前用细木工板全部予以保护。修复采用全拆白工序，面层采用半哑光硝基清漆。

1. 水刷石墙面清洗后，设计单位提供

2. 线脚抹灰出样，设计单位提供

3. 修复工程中的主楼梯栏杆，设计单位提供

4. 根据原工艺修复的细木拼花护墙板，设计单位提供

1

2

3

4

1. 修缮后西立面,设计单位提供

2. 修缮后副楼二楼舞厅,设计单位提供

1

2

室内修缮——墙、地面块材

彩色墙、地砖与马赛克在荣宅内有大面积的运用。虽然经过八十余年的使用，但大部分得以高质量保留，材质缺损的修补需要大量采样与比选，是保护修缮工程的难点之一。

对于这些彩色地砖与马赛克等的修复重点在于找寻符合历史原状的材料，使修复后新旧材料观感协调。为确保修复后效果达到预期，局部重点区域的材质修复做板块小样，效果明确无误后方对原部位进行修复。

室内修缮——彩色玻璃

镶嵌拼花彩色玻璃是荣宅内最有特色的装饰物件之一，它不光运用于外窗，还大面积运用于采光天窗与发光天棚。

部分镶嵌拼花彩色玻璃表现了一定的主题，如描绘荣家故乡无锡所在的太湖景色等；也有部分是自然动植物图案，如仙鹤、兰花等；除此以外，还有纯装饰的几何图案，如副楼舞厅中央的玻璃天花。

总体来说，荣宅在修缮前，其玻璃天花的保留情况较好，但局部的缺损难以避免，此部分的修复工作，包括固定铅条的放样、彩色玻璃的选配，拆卸与安装复位等工序都是保护修缮工程的难点。

彩色玻璃修缮前先依据留档照片对每一块彩色玻璃单元进行编号，后将彩色玻璃依次卸下。对所有吊筋与支架给予检查修复，将清洗后的镶嵌彩色玻璃逐件装回，局部破损件寻取同材质玻璃替换。

1. 八角楼底层进厅马赛克地砖修复后照片，设计单位提供

2. 大理石楼梯的修复，设计单位提供

3. 八角楼荷叶瓷砖的修复小样，设计单位提供

4. 修复后主楼南侧房间的彩色玻璃木门，设计单位提供

5. 修复后主楼底层门廊的彩色玻璃木门，设计单位提供

1

2

3

4

5

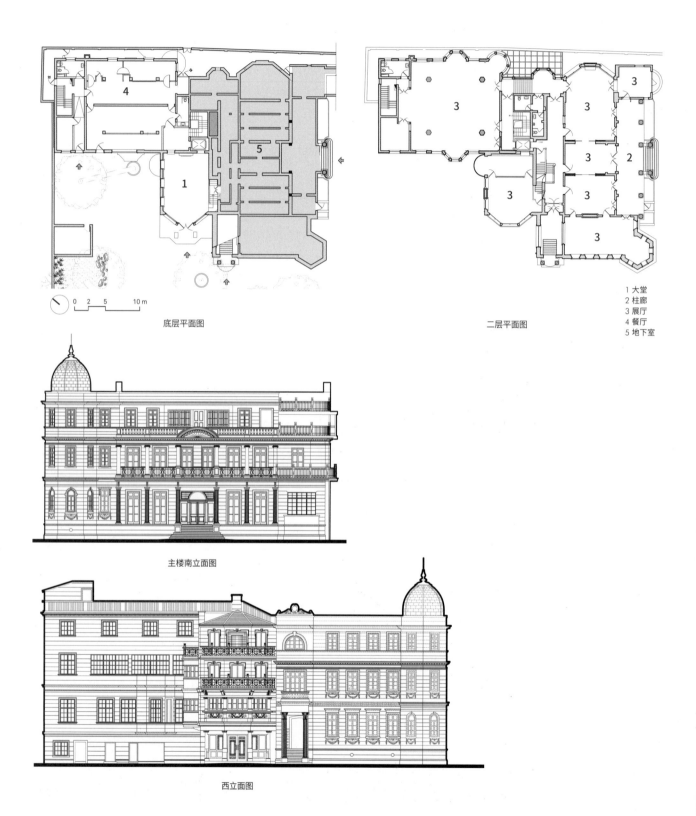

底层平面图

二层平面图

0 2 5 10 m

1 大堂
2 柱廊
3 展厅
4 餐厅
5 地下室

主楼南立面图

西立面图

公共开放

历时 6 年的修缮，荣宅于 2017 年 10 月正式开放，作为普拉达企业及其基金会在上海的定点艺术展示厅。

自此，百年荣宅的建筑艺术终于揭开面纱，携手当代艺术向社会公众开放。前后两年内，荣宅已举办了包括：艺术家 Goshka Macuga 策划的展览"我曾为何物？"（What Was I?）、著名画家李青个展"后窗"、刘野个展"寓言叙事"以及罗马艺术展等，在社会各界受到了热烈的欢迎并得到高度的评价。

1. 副楼二层圆形凸窗修缮后, 设计单位提供

2. 副楼三层走廊修缮后, 设计单位提供

3. 副楼三层居室修缮后, 设计单位提供

4. 主楼一层南侧柱廊修缮后, 设计单位提供

5. 主楼一层东厅修缮后, 设计单位提供

1   2   3

4   5

建筑师感言

章明

邢朱华

上海是孕育民族资本的摇篮，数之不尽的现代产业都在这里生根发芽，枝繁叶茂，随之也诞生了以荣家为代表的中国首批民族资本家。荣宅见证了荣宗敬一家在 20 世纪初至 40 年代的兴衰，从其每一次改建的手笔与形态可以清楚地揣摩到荣府在每一个历史时期的财力与志趣，也从其侧面反映出民族产业在那一跌宕起伏年代所经历的历史浮沉。

开放指南

开放时间："荣宅"不定期举办展览，可通过微信公众号预约。
公共交通：地铁 2、12、13 号线（南京西路站）、公交 41、927 路。

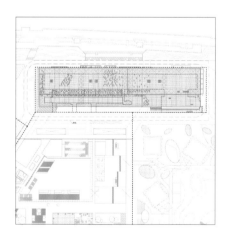

总平面图

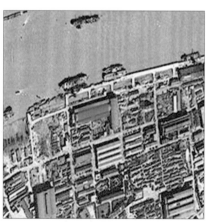

历史卫星图（1966 年）

项目地址：浦东新区滨江大道 1777 号
保护级别：浦东新区文物保护点（2017 年公布）

建造年代：1862 年建厂，建筑建成年代未知
初建功能：船舶工厂

项目时间：2012—2016 年
建筑面积：31 626 m²
现状功能：文化、商业
建设单位：中船置业有限公司
设计单位：华建集团上海建筑设计研究院有限公司
合作设计：隈研吾建筑都市设计事务所
施工单位：上海建工集团股份有限公司

船厂 1862
MIFA 1862

祥生船厂旧址
The former site of Boyd & Co., Ltd.

历史变迁

今上海船厂的前身

上海船厂的前身是英商英联的祥生船厂和招商局机器造船厂。

清同治元年（1862），英商尼柯逊、包义德在上海浦东陆家嘴开设祥生船厂，建厂初期制造军火，后来修造船舶。19 世纪 70 年代，祥生船厂兼并了虹口的新船坞及浦东炼铁机器厂，并于 1891 年改组为股份有限公司。

上海船厂的另一个源头是招商局机器造船厂。民国三年（1914）创建于浦东陆家嘴的招商局内河机厂，数次更名变迁，历经招商局机器造船厂、国营招商局机器厂（重庆）、国营招商局机器造船厂、招商局轮船股份有限公司船舶修造厂。

1954 年 1 月 1 日，军管英联船厂主厂（今浦西分厂）并入上海船舶修造厂。1978 年，国内第一艘出口万吨轮"绍兴号"在这里下水，漂洋过海。1982 年 6 月，由交通部划归中国船舶工业总公司领导。1985 年 3 月，改名为上海船厂；作为中国船舶工业集团公司下属的五大造修船基地之一，上海船厂象征了上海的百年工业文明。

城市更新，华丽转型

随着黄浦江两岸产业与城市功能的转换，上海浦东陆家嘴地区已成为全国的金融中心。原来的船厂于 2005 年停止运营，船厂一带将以艺术、文化、金融为主重新定位和开发，在 25 万平方米的原址上建设陆家嘴滨江金融城（二期）。

为了让上海船厂悠久的工业文明在新的城市开发中得以延续和传承，早在城市规划阶段就前瞻性地保留了两处具有代表意义的建筑：船台及造机车间，造机车间即为现在的"船厂 1862"。

1

2

项目运作

2005 年，央企中国船舶工业集团和香港上市公司中信泰富签署了战略合作协议，在上海船厂原址上进行全新规划。这块总面积 25 万平方米的土地上，将累计建造 137 万平方米的写字楼与商业、文化等设施，并植入新的招商理念和城市管理理念。规划把船厂的老厂房和船台建设成大型休闲活动中心，以创造开放、连续的公共亲水平台，成为公众观光、休憩的好去处，吸引来自全球各地的游人。

"船厂 1862" 的设计有选择地保留了原老厂房的标志性结构，并在厂房内部重新布局了先锋剧院、艺术展览、星级餐厅、主题酒吧、时尚发布、文艺空间等功能，营造极具特色的滨江先锋艺术文化场所，使之成为陆家嘴滨江金融城整体运营中不可或缺的一张文化名片。

项目策略

滨江文化的传承和重塑

近 20 年来，黄浦江的开发由生产岸线向生活岸线转换。"船厂 1862" 位于原上海船厂区域的东北侧，地处滨江第一层面，是与滨江岸线直接契合的重要景观节点；同时作为陆家嘴金融区东向延伸的终点，将其定位为国际级艺术文化地标亦与其区位匹配。在整个项目设计中，建筑师们充分保留了船厂厂房基本原型，结合原有建筑标志性的结构构件及空间逻辑，创新性地融入前卫的设计理念。

1. 改建后全景，王璇佳摄

2. 改建后内部，王璇佳摄

该项目由中方建筑师和日本著名建筑师隈研吾合作完成，特邀谭盾为展演策划顾问，米丘担任总策划及艺术策划顾问，历史与现代的碰撞给顶级艺术家们带来了创意的灵感。"保留风貌、重塑功能"的设计理念使船厂老厂房的改建在城市更新的进程中承上启下，焕发新的生命力。

穿越时空的商业空间

船厂厂房的内部空间类似为一个超大的、空间变化的长方体容器，通过对大尺度空间的解构，结合实际功能需求的定位，设计时将厂房的整个内部空间有效地规划成三部分：西侧为商业休闲娱乐区，东侧是一个多功能剧场；两个区域中间则为通高的中庭连接，在有效划分两种功能分区的同时，利用不同的空间层次，形成了通透连续的内部空间。

中庭处的建筑屋顶设置透明采光天窗，让引入的自然光在中庭长廊里流动，形成独特的光影效果。大型系列结构柱如实地记录着老厂房曾经的繁忙与文明。由于时间久远，老结构构件不同程度地出现了偏位及破损，设计师通过现场实测，将其逐一编号，保留修缮，确保还原真实的建筑效果。围绕柱子的两侧则利用厂房内部的高空间划分出五层楼面，结合商业人流动线，通过对原有结构体系及设备构件的巧妙装饰和利用，布置出休闲、娱乐和展览的商业展示区域。

1. 改建后内部，设计单位提供

2. 改建后内部保留墙体，顾成竹摄

1

2

融合实景的江上剧场

多功能剧场则是整个设计中最突出的亮点，位于船厂东侧的多功能剧场区域舞台外延与黄浦江互为景观。通过创造性地把剧场舞台的外墙设计成一个巨型临江的透明玻璃墙，并制作成配有遮挡幕布的超大玻璃推拉门，使剧场内外成为一个有机可变的空间。除了进行常规剧目演出，拉开幕布，开启玻璃门，观众可直接身临浦江风景，将上海城市内涵和黄浦江风景浓缩在一起，用独特的江上剧场的概念，结合自然景观给观众带来一场场艺术盛宴。

除了演绎剧目外，多功能剧场还可以举办时装、珠宝品牌发布会以及音乐、绘画、文学、高峰论坛等艺术、文化交流活动，以开放、包容和分享的姿态在艺术的诠释与形态上不断探索、尝试，是名副其实的先锋艺术交流中心。

改建后剧场，王璀佳摄

新老结合的立面设计

　　船厂伴随中国船舶工业一个多世纪以来的发展，历经数次更名、改建和扩建，建筑的外立面因历年的维护施工及风化等原因造成原砖墙面破损严重，普遍存在孔洞、裂缝及空鼓等问题。改建为保证延续原有的外墙风貌及历史印记，对面向黄浦江的外立面砖墙进行了保留及全面的修缮处理，彻底杜绝外墙安全及防水隐患。

　　整个建筑除保留大量原有风貌的外立面，对于需要拆除与内部功能呼应的部分立面，则运用新材料及新技术重新设计。采用了实中带虚的镂空砖幕墙与保留立面上的传统红砖材料呼应对话，通过复合材料特性与功能需求的精细化设计传达建筑理念。

改建后西端商业内部，王璇佳摄

1

2

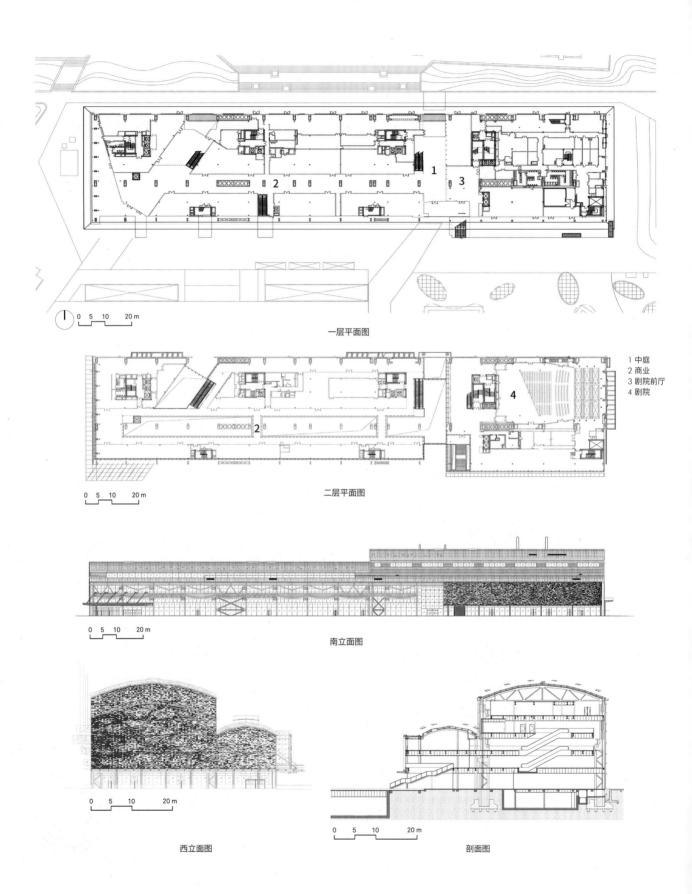

一层平面图

1 中庭
2 商业
3 剧院前厅
4 剧院

二层平面图

南立面图

西立面图

剖面图

公共开放

拥有深厚历史积淀、丰富文化内涵以及优越地理位置的"船厂1862",经由各方协作、精心建造,于2016年12月改建完工,以全新的功能和面貌展示于世人。

多功能剧场定位为时尚创新、跨界前卫的先锋剧场,运营方从建筑自身的特点出发,立足对国际节目渠道的挖掘和建立,寻求多元化的演出形式,开业以来带给市民丰富的文化艺术体验。同时也挖掘剧场的多功能性,通过商业运作与文艺演出互补,成功落地多场国内外一线品牌商业活动和国际文化交流活动,"船厂1862"如今已成为全国乃至国际高端商业及文化活动的发布地。

建筑师感言

姜世峰

方案设计中比较关注对老船厂原有的规模、空间所拥有的尺度感的保留,通过提炼原有建筑的元素,让不同的时空进行交织和对话。通过内外一体化的设计,在新的空间里对老的构件、肌理的尊重和保护,达到一个和谐共处的关系。

顾成竹

功能性的改建重新定位了建筑的使用性质和需求。建筑师只有在充分了解原有建筑的历史底蕴、文化内涵以及建筑逻辑的基础上展开工作,才能使新、老功能的不同诉求通过改建的行为在原有建筑这个载体中找到保留和重生的平衡。改建行为的意义也才能随着建造过程得以延续、传承……

寺崎丰

建在黄浦江边的商业设施和由船厂改造的剧院,在有着风化的混凝土和生锈的管道的、像废墟般的工厂中,特别感受到有粒子化的旧红砖和空间尺度。场地将作为商业设施和剧场重生,如何使其从人们记忆中消失的造船厂产生联系,是一个需要回应解答的问题。我们并不是将新旧进行对比,而是慎重选择了氧化钢板、金属网、混凝土等素材,通过模糊其界限来实现和谐。立面采用了能与旧砖保持平衡的悬挂陶瓷透明墙壁。为了能让人感觉到造船厂的规模,特意在中庭处裸露粗糙的结构柱,以创造"有骨感"的空间。

开放指南
开放时间:周一至周日10:00—22:00。
公共交通:地铁2号线(陆家嘴站)、4号线(浦东大道站)。

总平面图

改造前卫星图

项目地址：杨浦区杨树浦路 2866 号
保护级别：上海市文物保护单位（2014 年公布）

建成年代：1935 年
初建功能：工厂
原设计人：平野勇造

项目时间：2009—2012 年
建筑面积：约 14 hm²
现状功能：商业、办公、文化
建设单位：上海纺织控股有限公司
设计单位：华建集团华东都市建筑设计研究总院
合作设计：法国夏邦杰建筑设计事务所
施工单位：上海申创建筑工程有限公司
监理单位：上海天佑工程咨询有限公司

上海国际时尚中心
Shanghai International Fashion Center

裕丰纺织株式会社旧址
The former site of Yufeng Textile Co., Ltd.

历史变迁

裕丰纱厂的诞生

裕丰纺织株式会社系日商大阪东洋株式会社在上海早期开办的纱厂。该日商机构 1914 年买下了杨树浦路 2866 号为建厂基地（北邻凉城路，东濒定海路，西靠内江路，南瞰黄浦江）作为其建筑基地。厂区以杨树浦路为界，划分为南区和北区。由当时著名的日籍建筑师平野勇造设计，南厂 6 处，北厂 1 处，多为锯齿形厂房。

建成年代跨度为 1922—1935 年。

南厂区的四个分厂自 1922 年动工，竣工于 1934 年。其中 1 号楼（厂区办公楼）及 3 号楼（第一工场）为第一组团，是裕丰纱厂建成以后第一个可以独立投产的生产单位，解决了一个办公、生产、基础设施三大厂区运作的基础问题。随后 5 号楼（第二工场）、6 号楼（第三工场）、4 号楼（第四工场）相继建成，最终形成了现在南区的建筑格局。

南区建成以后，1934 年北区开始建设，其中北区 7 号楼作为上海乃至全中国第一个采用空气调节系统的两层厂房，对于工业历史研究来说具有相当的价值。

作为上海近代纺织业的后起之秀，裕丰纱厂曾一度是业内的标杆企业。

1949 年后，裕丰归政府所有，更名上海第十七棉纺织总厂，又成为全国第一家批量生产棉型腈纶针织纱的企业。1989 年，批准为国家一级企业。

历史价值及建筑特点

裕丰纺织株式会社旧址的历史价值包含了两方面：厂区整体所包含的人文价值，以及其本身所具有的建筑价值。

原先作为裕丰纺织株式会社的纺织车间建筑，其屋面采用了锯齿形的形式。这种屋面在需要天窗采光却又不想室内有直射光的厂房中有着较大面积的运用。用于解决直射光会造成室内光线强度不均匀，影响视线等问题。锯齿竖向有窗的一面一般都是朝北的，就是为了能够遮挡南向的直射阳光。

若是不怕直射光的厂房，天窗一般会直接突出屋面，在突出屋面两侧都做出天窗，不用做出锯齿形。同时锯齿形厂房也有跨度较大、平面方整、运转方便的特点。

1. 旧时原厂
资料来源：建设单位提供

2. 上海国际时尚中心鸟瞰设计图
资料来源：法国夏邦杰建筑设
计事务所

3. 历史建筑分布图
资料来源：法国夏邦杰建筑设
计事务所

1

2

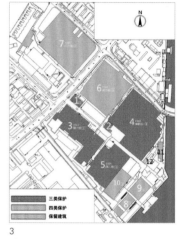

3

项目运作

工业遗产再利用的宏观背景

　　为促进上海打造成"国际时尚之都"，经与上海工业发展咨询有限公司等各方面专家的沟通和市场调研，上海纺织集团确定将十七棉基地定位为与国际时尚业界互动对接的地标性载体和营运承载基地，即"上海国际时尚中心"。

　　从简单的物业租赁形态，到加入主题园区概念的运营管理模式。上海国际时尚中心不仅仅考虑硬件设施环境的提升，更试图融合与人们日常生活消费息息相关的参与式、体验型要素，打造城市中的开放式街区。

项目策略

整体格局

　　裕丰纺织株式会社旧址位于黄浦江北岸，属规划中的滨江创意产业基地。

　　全区总建筑面积约 14 万平方米，南厂区总建筑面积约为 8 万平方米，北厂区总建筑面积约为 6 万平方米。

　　面对如此庞杂的建筑群，需要确立整体建筑的风格和基调，这种基调必须体现原工业建筑的风貌。同时，每一栋建筑需要用不同的逻辑和手法来处理，在大的基调中寻求变化，注重处理方式的多样化。

根据不同的种类、不同的功能，还有其在公共空间中的作用，将建筑的改造分为三种层次：体现原貌、新旧结合和新旧对比。

功能布局

时尚炫动——时尚会所：1号楼改造后，提供会晤、接待、餐饮、休闲娱乐等多功能的高端服务。

时尚文化——时尚秀场：3号楼改造后，成为可满足世界一线顶级品牌时装发布的秀场。

时尚体验——时尚精品仓：4号、5号、6号楼改造后，成为以高端商业休闲服务与精致时尚生活服务相结合的精品仓。

时尚创意——时尚办公：13号楼改造后，成为集信息、传媒、娱乐、策划、培训等配套在内的各类创意办公空间。

时尚休闲——时尚餐饮娱乐：2号、8号、9号、10号、11号、12号楼改造后，以休闲俱乐部的方式运作，使人们在餐饮娱乐的同时，饱览两岸的江景。

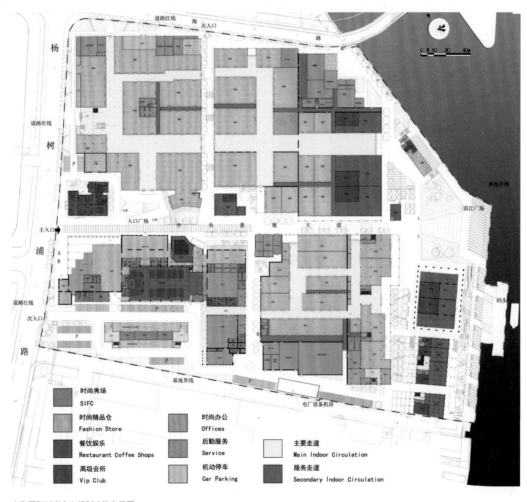

上海国际时尚中心规划功能布局图
资料来源：法国夏邦杰建筑设计事务所

改造后园内建筑场景，宋圣炯摄

1. 改造后 2 号楼建筑
资料来源：华建集团华东都市建
筑设计研究总院

2. 改造后建筑室内场景
资料来源：华建集团华东都市建
筑设计研究总院，法国夏邦杰建
筑设计事务所

1

2

延续历史文脉，体现历史原貌

历史像水一般流淌，但裕丰纺织株式会社旧址发展与变迁却给历史留下了最具价值的印记，保留与延续历史文脉是项目改造的核心构想。

修复过程中面临挑战，因原先的外墙受损情况不同，每一处的修补均以文物保护修缮方式来进行，采用仿旧面砖，局部重砌的手法恢复原貌。内部的每一榀屋架都在卸下后，经过各种文物修补式的处理，再得以原位复原并加固。改造后不但外观上需要满足与原立面的比例关系，而且在色彩上也要秉承历史的基调，完美体现建筑之美。

新旧结合

在一些重要的空间上，采用更多新旧结合的手法。建筑整体风格遵循原始风貌，同时融入新元素，新旧有机地结合在一起，以新的元素烘托出老建筑的历史精华。

1. 改造前与改造后的 1 号楼建筑
资料来源：华建集团华东都市建
筑设计研究总院

2. 改造前与改造后的 10 号楼建筑
资料来源：华建集团华东都市建
筑设计研究总院，法国夏邦杰建
筑设计事务所

1

2

在广场入口处的处理，该区域锯齿形厂房处理成半室外的灰空间，柱廊和透光玻璃顶形成序列，营造明亮宽敞的互动空间，为秀场空间提供休憩场所，丰富步行环境，成为园区内重要的中转集散枢纽。同时，厂房结构的时尚美被完美演绎。

新旧对比

在整个园区基调都相对统一的基础上，往往需要一些点睛的新建筑，与旧建筑形成对比并且互相烘托。

临江中心广场一栋最大的多层厂房，建筑整体运用金属褶皱网形成表皮结构，形态充满张力，形式上已转化成了一个城市雕塑。白日光影婆娑，夜晚流光溢彩，无论从对岸、轮渡交通上或是从广场的任意一个角度都可以直观感受到一种巨大的震撼力。它与周边形成一种对话，完美呈现着旧时与新时的碰撞、现代与当代的呼应。

公共开放

2012 年，上海国际时尚中心开放试运营，成为一个集购物、餐饮、文化、娱乐、办公等于一体的创意产业园和城市休闲区。

作为亚洲规模最大的时尚中心，这里涵盖了 100 多个店铺、200 多个品牌，满足不同人群的各类消费需求。同时还可以接待公共性的大型时尚活动，是上海乃至全国设施最完备、配套最齐全的专业秀场，也是世界顶级品牌发布的首选地，成为上海国际服装文化节、上海时装周的主场。

上海国际时尚中心已经逐渐成为人们接触时尚、了解时尚、感受与体验时尚的新天地。

园内举办活动
资料来源：华建集团华东都市建筑设计研究总院

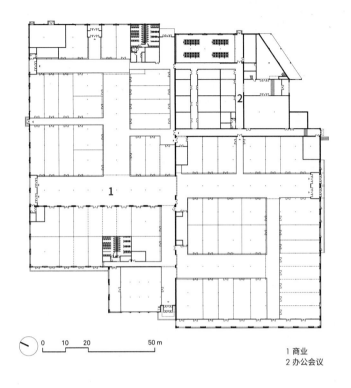

1 号楼（会所）首层平面图

0　5　10　　　20 m

1 商业
2 办公会议

4 号楼（时尚精品仓）首层平面图

1 号楼（会所）二层平面图

1 休息厅
2 会议室
3 接待室

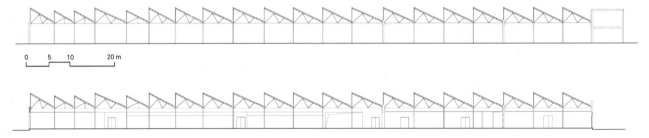

0　5　10　　　20 m

4 号楼（时尚精品仓）剖面图

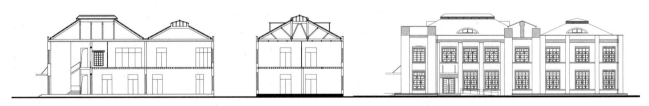

1 号楼（会所）剖面图　　　　　　　　　　　　1 号楼（会所）立面图

1. 时尚秀场实景
资料来源：法国夏邦杰建筑设计
事务所

2. 改造后中心广场
资料来源：法国夏邦杰建筑设计
事务所

1

2

建筑师感言

邢同和

袁静

皮埃尔·向博荣
Pierre Chambron

城市作为承载人类活动的场景空间，在不同历史时期营造出不同的建筑。如何更好地保留并且提升利用这些遗存建筑，保护好上海这个城市每个历史阶段的记忆是我们在项目设计过程中不断思考和探索的。建筑设计基于对历史文脉的尊重，对既有建筑已有特色的保护，谨慎地植入现代技术，最终符合现代城市生活需求。为既有建筑寻找新的生机，也为城市消极空间注入时代活力。

从裕丰纺织株式会社到上海国际时尚中心，从功能定位、园区规划到建筑保护和改造，到景观设计、室内设计、标识设计，乃至营运管理，每个环节都是它成功再生的重要部分。改造工程的特殊性在于在设计中和施工中不断都会有意外的发现，作为主创设计师，一方面要对设计风格和效果有明确的把握，另一方面要与业主和其他配合单位一起，不断地协调，不断地在现场进行修改和优化，这也是改造工程的难度和挑战所在。

开放指南

开放时间：周一至周五 11∶00—21∶00，周六、周日及节假日 10∶00—21∶00（具体开放时间请以景区当天公示为准）。

参考文献

[1] 单霁翔. 关于工业遗产保护的思考 [EB/OL]. (2006-08-05). http://www.huaxia.com/.

[2] 李蕾蕾，SOYEZ D. 中国工业旅游发展评析：从西方的视角看中国 [J]. 人文地理，2003(6): 26-31.

[3] 李蕾蕾. 逆工业化与工业遗产旅游开发：德国鲁尔区的实践过程与开发模式 [J]. 世界地理研究，2002(3): 58-66.

[4] 吴相利. 英国工业旅游发展的基本特征与经验启示 [J]. 世界地理研究，2002(4): 75-81.

[5] 钱建强. 尊重城市的历史加强工业遗产保护 [EB/OL]. (2006-08). http://www.huaxia.com.

[6] 阮仪三，张艳华，应臻. 再论市场经济背景下的城市遗产保护 [J]. 城市规划，2003(12): 48-51.

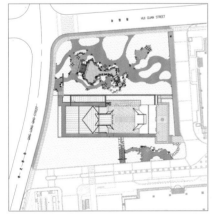

总平面图

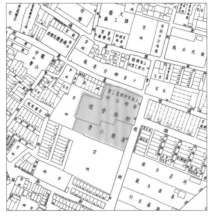

历史地图
资料来源：《老上海百业指南》

项目地址：黄浦区会馆街 38 号
保护级别：上海市文物保护单位（1987 年公布）

建成年代：康熙五十四年（1715）
初建功能：会馆

项目时间：2015—2019 年
建筑面积：813.34 m²
现状功能：接待、展示、戏台
建设单位：上海南房（集团）有限公司
　　　　　中民外滩房地产开发有限公司
设计单位：上海章明建筑设计事务所（有限合伙）
施工单位：上海市园林工程有限公司
监理单位：上海市工程建设咨询监理有限公司

绿地外滩中心商船会馆
Merchant Marine Club, Greenland Bund Center

商船会馆
The former site of Merchant Marine Club

商船会馆建立

明代及清初，长期实行"海禁"政策，禁止和限制近海海上航运。1684年，清政府颁布"弛海禁令"，解除和放宽近海海上航运的禁令。

上海优越的沿海地理位置促进了海上航运业，以崇明、南通、上海籍为主体的沙船业逐渐成为上海海上航运的主力。1715年，为了协调同业之间的关系，排除纠纷，商船会馆建立，成为上海出现的第一家同乡同业团体，其规模也是上海会馆公所中最大的。

建筑及使用变迁

会馆主殿为天后宫，1764年，重修，添建南、北两厅和戏台；1814年，建看楼；1844年，建拜厅、钟鼓楼、后厅。

1862年，英法军队入城协防抵御太平军，在商船会馆内驻扎，撤防后，为江南制造局使用，殿宇多毁；1868年，重修；1890—1892年，因飓风损坏戏台，进行修理，并维修其他建筑。

1907年，商船会馆董事等筹款创设初等小学于会馆内；1910年，增办高等小学。

1949年后，商船馆一度驻有部队，大殿为街道办托儿所、幼儿园，一部分作为海运局职工宿舍。"文化大革命"中，这一建筑群改变甚大，但大殿、戏台等尚保留原有结构。

大殿、戏台的建筑特征

大殿坐西朝东，三开间，面阔13.54米，进深23.57米，扁作式厅堂构架。其为双合式大殿，分为前大殿和后大殿，前、后大殿采用轩廊相连。前大殿为石柱、木梁，后大殿木柱、木梁。前殿外观属单檐歇山式单层建筑，后大殿外观属硬山式单层建筑，屋面均为小青瓦。

戏台坐东朝西，面向大殿，为砖木结构，三开间，面阔15.065米，进深10.36米，呈"凸"字形。戏台前廊柱（西面）为石柱。东面为商船会馆之门头，墙面贴方砖，石砌拱券，砖雕斗栱。戏台底层敞开；

1

2

3

二层正间为花篮厅，三面轩廊，设八角形斗栱式藻井；戏台前台采用歇山式屋顶，后台采用硬山式屋顶，屋面采用小青瓦。

项目运作

2010 年前后，随着商船会馆所在的董家渡地区的改造更新，商船会馆完成了动迁，将建筑内原有的工厂和居民迁出，并对文物建筑采取了相应的保护措施。

2014 年，董家渡地块完成土地出让，并于 2015 年开工建设。商船会馆在空置多年后终于迎来了修缮的契机。

商船会馆作为文物建筑，其留存的大殿和戏台均进行原位保护，其所在地块规划为公共绿地。

同时，为了确保文物建筑保护需求，商船会馆周边新建建筑的地下室采用了较低的开发强度，以避免影响文物建筑的结构安全。

项目策略

商船会馆文物建筑的重点保护部位为建筑外立面、原主体空间格局及其他原有特色装饰。原则上建筑的立面、结构体系、有特色的室内装修不得改变。

同时，在文物建筑现状基础上，在有充分依据的前提下，进行复原工作。融入新功能（展示功能）并做好结构加固、机电更新、功能满足等措施。

修缮前建筑状况

大殿

大殿修缮前，外墙及周边均存在着不同程度的后期搭建。大殿修缮前室内木结构坏损情况较为严重，但整体构造保存基本完整；室内后铺水泥地坪。东侧外立面斗栱、垫栱板等部位原均有彩绘或贴金，较为精美，但褪色严重。前殿前廊藻井沥金大部分保留较好。

戏台

戏台东立面增加建住宅楼，大门建筑形态曾被遮盖。"商船会馆"石质牌匾上的四个大字已湮灭。北侧八字墙仍存，南侧已毁。墙面砖缺失破损、砖雕斗栱破损；其余各立面也有不同程度的损坏。由于使用功能变为居住，使得戏台内部空间变化非常大，戏台内部被分隔为多个房间，并有自行搭建的阁楼和吊顶，室内后铺地砖。西侧朝向庭院的部分被封闭。但总体而言，戏台的结构基本保存完好，北面有部分原厢房残存墙体。

1. 修缮前商船会馆大殿东立面，设计单位提供

2. 修缮前商船会馆戏台西立面，设计单位提供

3. 拆卸下待修复的斗栱，设计单位提供

4. 大殿龙形图案滴水，设计单位提供

1

3   4

1. 修缮后大殿、戏台南立面

2. 修缮后大殿东立面，陈伯熔摄

3. 修缮后戏台西立面，陈伯熔摄

大殿、戏台整体修缮

两栋建筑拆除后期搭建部分，整体打牮拨正，倾斜超标的墙体局部重砌。木构件腐烂严重程度超过规范标准的按原材质全部置换，标准内的根据规范要求进行修补。斗栱、垫栱板等缺失的按原样新做补齐，一般损坏的，修复后继续使用。

大殿东立面恢复传统落地长窗，西立面恢复了半窗。铲除室内现有水泥地坪，用尺二方砖铺地。室内前大殿与前轩廊之间边间恢复落地长窗，正间恢复屏门。

恢复戏台一层、二层正间敞开空间，修复东立面八字墙，补齐修复东立面砖斗栱、砖垫栱板等。一层增设两部直跑楼梯上二层。二层正间新做藻井以及补齐缺失的三角板。边间新做半窗、戏台三面矮栏杆、修复边间栏杆。恢复正间屏门。戏台正间跨度大，为满足结构计算要求，增加二层木格栅。

根据现存的两张旧照片以及《营造法原》的传统做法，重新设计的屋脊样式尽最大可能贴近原始造型，大殿前殿与戏台正间屋脊为五套鱼龙吻脊，大殿后殿与戏台后台屋脊为纹头脊。现状屋面小青瓦的滴水样式有多种，研究发现大殿带有龙纹图案、戏台带有凤纹图案的滴水为最早样式，所以最终选择与该样式接近的龙纹滴水和凤纹滴水，拆下来保存较好的龙纹、凤纹图案滴水也被使用，安装在侧面。

在清理两栋建筑之间的院落地坪时，挖出一块长方形的四角雕有蝙蝠纹图案的石板，最终决定在恢复大殿原有台阶时将其作为御路石使用。

大漆、彩画、贴金部分的修缮

大漆

大漆前做好木基层处理（地仗处理），灰皮脱落的全部砍去重新做地仗；灰皮基本完好个别处损坏的找补地仗。

下架柱子和上架梁檐、瓦口、椽头等做四道灰。室内梁枋、室外挑檐桁、椽望、斗栱等做三道灰。裙板雕刻花活、花牙子、栏杆、垂头、雀替等木雕刻部位做花活二道半灰。

所有修补过的构件按周边色补色。新做构件按邻近旧构件的颜色大漆，新做大漆部位或构件做旧处理。

贴金

大殿的贴金部位主要在前大殿，范围内所有新做构件贴金。旧有构件清洗干净，对需要修补的部分进行修补。新做大漆或新贴金部位或构件做旧处理。

戏台二层新做藻井做全贴金。二层木枋（靠近西面外侧）正间部分维持现状，其余部位新做贴金。

1. 修缮后大殿前殿，陈伯熔摄

2. 修缮后大殿后殿，陈伯熔摄

1

2

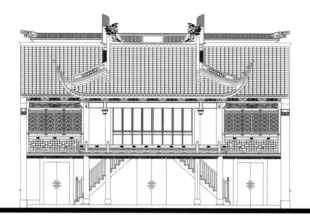

0 1 2 3 4 5m

戏台西立面

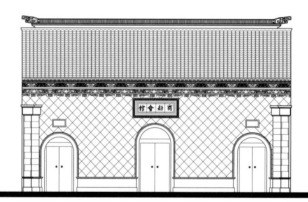

戏台东立面

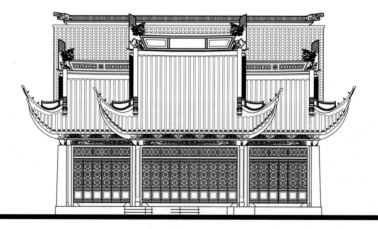

大殿东立面

1. 修缮后戏台二层轩梁旧彩画保护，陈伯熔摄

2. 修缮后戏台二层桁条、斗栱、垫栱板、木枋旧彩画保护，陈伯熔摄

3. 修缮后前大殿前廊藻井，陈伯熔摄

4. 修缮后戏台藻井边三角板重绘彩画，陈伯熔摄

5. 修缮后戏台斗栱重绘彩画，陈伯熔摄

6. 修缮后戏台二层新做藻井贴金，陈伯熔摄

彩画

彩画修缮包括旧彩画保护和局部重绘彩画。旧彩画保护范围主要为大殿的脊桁中央的彩画以及戏台二层梁枋上现存的彩画，画面除尘清洗后，进行画面加固处理。

重绘彩画范围主要为新换构件及油饰彩绘完全脱落构架处。纹样按现存彩画确定。施工中完全采用传统工艺和材料。

1

2

3

4

5

6

建筑师感言

章明

商船会馆在施工过程中尽量减少了对文物建筑的干预，保留实物原样和历史信息，在不影响结构安全的情况下，尽量保留了原有的构件，也充分利用了原来的木、石、砖结构等构件，最大限度地体现了本建筑的历史原真性和可读性。

秦颖

在商船会馆修缮过程中，逐步落实江南地域工艺手法，认真辨析历史工程中的一些有效信息和错误修补之处，做出了符合历史、地域和营造技艺的取舍决策，并且因地制宜，局部根据实际情况，动态调整保护修缮的具体措施，确保文物安全和有效传承。

参考文献

[1] 沈宝禾 . 忍默恕退之斋日记 [M]// 王汝润, 陈左高 . 清代日记汇抄 . 上海：上海人民出版社，1982.

[2] 郑祖安 . 上海地名小志 [M]. 上海：上海社会科学院出版社，1988.

[3] 吴馨 . 上海县续志 [M]. 上海：上海南园志局，1918.

[4] 上海博物馆图书资料室 . 上海碑刻资料选辑 [M]. 上海：上海人民出版社，1980.

[5] 上海三山会馆管理处 . 上海会馆史研究论丛（第一辑）[C]. 上海：上海社会科学院出版社，2011.

[6] 薛理勇 . 上海掌故大辞典 [M]. 上海：上海辞书出版社，2015.

附录

案例编写单位及人员列表

案例	编写单位	撰稿人
中国共产党第一次全国代表大会纪念馆	上海建筑装饰（集团）设计有限公司	孟露雨
中国社会主义青年团中央机关旧址纪念馆	上海建筑装饰（集团）设计有限公司	徐莹婕
思南公馆	编写组根据永业集团提供资料整理完成	俞燕
上海四行仓库抗战纪念馆	上海建筑设计研究院有限公司	俞燕、游斯嘉
上海外滩华尔道夫酒店	上海建筑设计研究院有限公司	吴家巍
中国外汇交易中心	上海章明建筑设计事务所（有限合伙）	林沄
和平饭店	上海建筑设计研究院有限公司	姜维哲
罗斯福公馆	上海建筑设计研究院有限公司	邱致远
上海清算所	上海建筑设计研究院有限公司	邹勋
外滩源（一期）	编写组根据设计单位提供资料编写整理	俞燕
上海市历史博物馆（上海革命历史博物馆）	上海建筑设计研究院有限公司	俞燕
杨浦区图书馆	上海原构设计咨询有限公司	孙思敏
上海宝格丽酒店	上海都市再生实业有限公司	曹琳
徐家汇天主堂	上海原构设计咨询有限公司	孙思敏
上海气象博物馆	上海都市再生实业有限公司	凌颖松
上海交响乐博物馆	华建集团历史建筑保护设计院	王天宇
上海隐居繁华雅集公馆	上海明悦建筑设计事务所有限公司	胡中杰
华东政法大学格致楼	上海明悦建筑设计事务所有限公司	兰天
上海宋庆龄故居纪念馆	上海建筑装饰（集团）设计有限公司	唐静雯
《共产党宣言》展示馆	上海明悦建筑设计事务所有限公司	王凌霄
荣宅	上海章明建筑设计事务所（有限合伙）	邢朱华
船厂1862	上海建筑设计研究院有限公司	姜世峰、顾成竹
上海国际时尚中心	华建集团华东都市建筑设计研究总院	袁静、宋圣炯
绿地外滩中心商船会馆	上海章明建筑设计事务所（有限合伙）	秦颖

图书在版编目（CIP）数据

活化建筑经典：上海文物建筑保护利用案例：2010—
2019 / 上海市文物局编著 . -- 上海：同济大学出版社，
2021.6
  ISBN 978-7-5608-9477-5

  Ⅰ . ①活… Ⅱ . ①上… Ⅲ . ①古建筑－文物保护－案
例－上海－ 2010-2019 Ⅳ . ① TU-87

中国版本图书馆 CIP 数据核字 (2020) 第 168655 号

活化建筑经典：
上海文物建筑保护利用案例：2010—2019

上海市文物局　编著

策划编辑　江　岱
责任编辑　张　微
责任校对　徐春莲
书籍设计　张　微
出版发行　同济大学出版社　www.tongjipress.com.cn
　　　　　（地址：上海市四平路 1239 号　邮编：200092　电话：021-65985622）
经　　销　全国各地新华书店
印　　刷　上海雅昌艺术印刷有限公司
开　　本　889 mm× 1194 mm　1/16
印　　张　13.5
字　　数　432 000
版　　次　2021 年 6 月第 1 版　　2021 年 6 月第 1 次印刷
书　　号　ISBN 978-7-5608-9477-5
定　　价　108.00 元